青少年心理自助文库
完美丛书

抚 慰

此情可待成追忆

孟祥广/著

生活是平淡的，亦是多彩的，
把心交给世界，我们才会获得幸福。

中国出版集团　现代出版社

图书在版编目（CIP）数据

抚慰:此情可待成追忆／孟祥广著. —北京：现代出版社，2013.11
(2021.3 重印)

（青少年心理自助文库）

ISBN 978-7-5143-1630-8

Ⅰ.①抚… Ⅱ.①孟… Ⅲ.①成功心理－青年读物
②成功心理－少年读物 Ⅳ.①B848.4－49

中国版本图书馆 CIP 数据核字（2013）第 273494 号

作　　者	孟祥广
责任编辑	李　鹏
出版发行	现代出版社
通讯地址	北京市安定门外安华里 504 号
邮政编码	100011
电　　话	010－64267325 64245264（传真）
网　　址	www.1980xd.com
电子邮箱	xiandai@cnpitc.com.cn
印　　刷	河北飞鸿印刷有限责任公司
开　　本	710mm×1000mm　1/16
印　　张	12
版　　次	2013 年 11 月第 1 版　2021 年 3 月第 3 次印刷
书　　号	ISBN 978-7-5143-1630-8
定　　价	39.80 元

P 前 言
REFACE

为什么当今时代的青少年拥有幸福的生活却依然感觉不幸福、不快乐？又怎样才能彻底摆脱日复一日地身心疲惫？怎样才能活得更真实快乐？越是在喧嚣和困惑的环境中无所适从，我们越是觉得快乐和宁静是何等的难能可贵。其实，正所谓"心安处即自由乡"，善于调节内心是一种拯救自我的能力。当我们能够对自我有清醒认识，对他人能宽容友善，对生活无限热爱的时候，一个拥有强大的心灵力量的你将会更加自信而乐观地面对一切。

青少年是国家的未来和希望。对于青少年的心理健康教育，直接关系着下一代能否健康成长，承担起建设和谐社会的重任。作为家庭、学校和社会，不能仅仅重视文化专业知识的教育，还要注重培养孩子们健康的心态和良好的心理素质，从改进教育方法上来真正关心、爱护和尊重他们。如何正确引导青少年走向健康的心理状态，是家庭、学校和社会的共同责任。心理自助能够帮助青少年解决心理问题，获得自我成长，最重要之处在于它能够激发青少年的自我探索的精神取向。自我探索是对自身的心理状态、思维方式、情绪反应和性格能力等方面的深入觉察。很多科学研究发现，这种觉察和了解本身对于心理问题就具有治疗的作用。此外，通过自我探索，青少年能够看到自己的问题所在，明确在哪些方面需要改善，从而"对症下药"。

好的习惯将使你成为有成就的人，同样，坏的习惯也将使你一生一事无成。所以切不可小看平时一些微不足道的毛病，一旦养成习惯，将成为你前进路上的绊脚石。这就非常需要我们仔细检查一遍自己的习惯。看看哪些是有益的，哪些是有害的，而后，将有害的改为有益的。哪怕一个小小的改

变,假以时日,必能受益无穷。后天的培养铸就了人们强大的习惯,要树立勤奋是光荣的、努力和坚持不懈终会得到好回报的信心,正所谓好习惯结好果,坏习惯酿恶果。

习惯是所有伟人的奴仆,也是所有失败者的帮凶。伟人之所以伟大,得益于习惯的鼎力相助;失败者之所以失败,习惯同样责不可卸。习惯决定命运。但我们应该明白,习惯不是与生俱来的,它是我们在后天的行为活动中逐步形成的。只有在正确道德意志的驱使下,才能形成良好的习惯。捡起别人忽略的纸屑,扔掉马路上的砖瓦,按时归还借来的东西,学会整理自己的学习用具,学会独立处理自己的事情……这些都需要我们在日复一日的学习与生活当中逐步养成。

所有成功人士都有一个共性,那就是,基于良好习惯构造的日常行为规律。各个领域中的杰出人士——成功的运动员、律师、政客、医生、企业家、音乐家、教育家、销售员,以及其他专业领域中的佼佼者,在他们的身上都有一个共性,那就是良好的习惯。正是这些好习惯,帮助他们开发出更多的与生俱来的潜能。正因为习惯的力量是如此之大,所以我们要养成良好的习惯以有助于成功。

本丛书从心理问题的普遍性着手,分别描述了性格、情绪、压力、意志、人际交往、异常行为等方面容易出现的一些心理问题,并提出了具体实用的应对策略,以帮助青少年读者驱散心灵的阴霾,科学调适身心,实现心理自助。

本丛书是你化解烦恼的心灵修养课,可以给你增加快乐的心理自助术;本丛书会让你认识到:掌控心理,方能掌控世界;改变自己,才能改变一切;本丛书还将告诉你:只有实现积极心理自助,才能收获快乐人生。

C目 录
ONTENTS

第六篇　静下心来,听听心底的声音

第七篇　名利皆浮云

第一篇 >>>

天空再蓝,也要微笑面对

常言道,"抬手不打笑脸人"。微笑本身就是一束欢乐、幸福与爱的鲜花。谁愿意拒绝呢?微笑,这也许是迈向"潇洒"的第一步;微笑,这也许是展示风度的第一景。微笑,给他人以美感,给自己以轻松;微笑是无声的问候,播下友谊的良种;微笑是有形的雨丝,滋润大众的心灵。

将嘴角轻轻上扬便是一个美丽的微笑。微笑原来很简单,只需将脸上的皱纹轻轻舒展,只需放宽自己的心胸,只需给自己一个小小的鼓励,微笑便会在瞬间绽放。

微笑地面对一切

凡是热爱生活的人没有不重视微笑的。微笑一下看似容易，但生活中很多人却常常忽视微笑，吝惜对他人露出微笑。人是社会性的动物，日常活动中必然要与其他人打交道。犹太人就有一句很耐人寻味的格言："神前宜泣，人前宜笑。"这句话道出了人际吸引的奥妙。

然而，在现实生活中，尤其是在今天这样一个一切讲求效率、紧张繁忙的社会里，人们脸上失去了往日农业社会的那份恬淡祥和。人与人之间的摩擦与冲突越来越多，我们更需要调味品来调和人际关系间的不协调。什么是我们日常生活中的调味品呢？那就是微笑——令人如沐春风的微笑。会不会笑是衡量一个人能否适应周围环境的尺度。

威廉·怀拉是美国前职业棒球明星，40岁时因体力不济而告别体坛另找出路。他琢磨着，凭自己的知名度去保险公司应聘推销员不会有什么问题。可结果却出乎意料，人事部经理拒绝道："吃保险这碗饭必须笑容可掬，但您做不到，无法录用。"

面对冷遇，怀拉没有打退堂鼓，而是决心像当年初涉棒球领域那样从头开始。首先是学会"笑"。由于天天要在客厅里放开声音笑上几百次，邻居产生误解：失业对他刺激太大，他神经出了问题。为了不干扰邻居，他只好把自己关进厕所里练习。

过了一个月，怀拉跑去见经理，当场展开笑脸。然而得到的却是冷冰冰的回答："不行！笑得不够。"

怀拉没有悲观失望，他到处搜集笑容迷人的名人照片，然后贴在卧

室的墙壁上，随时揣摩模仿。另外，还购置了一面大镜子，摆在厕所里，以便训练时更好地检查纠正自己。

一段时间之后，怀拉又来到人事部经理办公室，露出了笑容。"有进步，但吸引力不大。"人事部经理对他说。

怀拉生来就有一种犟脾气，回到家里继续苦练起来。一次，他在路上遇见一个熟人，非常自然地笑着打招呼。对方惊叹道："怀拉先生，一段时日不见，您的变化真大，和以前判若两人了！"

听完熟人的评论，怀拉充满信心地再次去拜见经理，笑得很开心。

"您的笑是有点意思了，"经理指出，"然而还不是真正发自内心的那一种。"

怀拉不气馁，再接再厉，最后终于如愿以偿，被保险公司录用。这位昔日棒球明星严肃冷漠的脸庞上，绽放出发自内心的婴儿般的笑容。那笑容是那样天真无邪，那样讨人喜欢，令顾客无法抗拒。就是靠这张并非天生而是苦练出来的笑脸，怀拉成了全美推销寿险的高手，年收入突破百万美元。

威廉·怀拉感慨道："人是可以自我完善的，关键在于你有没有热情。"任何人都会有热情，所不同的是，有的人只有30分钟的热情，有的人热情可以保持30天，而一个成功者却能让热情持续30年乃至终生。热情激发出我们的潜能，让我们发挥出无穷的活力。是热情让怀拉笑迎挫折，最终成功。

美国心理学家塞利格曼经研究发现，天性乐观的保险推销员在其工作的最初两年中，推销出去的保险份数比悲观者高出37%，而悲观者在第一年内辞职的人数是乐观者的两倍。因为在推销工作中，能将别人的拒绝付之一笑，是推销员必须具备的最基本素质。

试想，若有人紧绷着脸对你说："请""谢谢""对不起"，你会感觉到"请""谢谢""对不起"发自内心吗？当然不会。因此，微笑虽然只是一个小小的脸部动作，却能使你在待人接物中得心应手。

实际上用笑脸来做人处世的人，他们的基本精神是相信人间的许多"严肃"的事大可不必用"严肃"的手段来解决。不需要一本正经的脸孔，也不需要金刚怒目的神情，大家大可以用嘻嘻哈哈的轻快态度来待人接物或排难解纷。有这种态度的人，他们的健康状态，一定比"严肃"派来得好，对事情的解决也比"严肃"派有效得多。不是吗？

有这样一首称赞微笑的小诗在西方广为传播：

我们热爱有限生命，

怎能不重视微笑呢？

微笑一下多么容易，

它产生的魅力却无穷无尽……

接受微笑的人立刻变得富有，

发出微笑的人也丝毫不曾失去：

再富有的人也不愿拒绝一个微笑，

再贫困的人也有能力将它施与。

它带来了天伦之乐，

又是友谊绝妙的表示，

它能神奇地解除病痛，

又能给绝望者以生活的勇气。

如果我们哪天遇到一个人，

他竟然没有对我们微笑，

那么将你的微笑慷慨地给予他吧，

因为没有任何人比那不能给别人微笑的人更需要它！

笑是精神生活的阳光，没有什么能像一阵阵笑声那样容易消除人与人之间的隔阂了。

喜乐的心乃是良药。

《圣经》上说："喜乐的心乃是良药。"古代宫廷中常有弄臣，博取

君王欢笑。亨利八世常靠他的弄臣桑默斯来解除悲哀；伊丽莎白一世也依赖弄臣维持情绪平衡，她说弄臣治愈她的忧郁，比御医还有效。不过，现代科学才刚刚注意到先人所讲的这些妙方有其可取之处。笑可以是最好的仙丹。或许真的是"常笑的人长命百岁"。

科学对笑的定义是"生理心理的反射动作，一个连续性、有规律的肌肉抽动，使空气从喉头挤出，声带振动，常露出牙齿，脸部表情放松"——但这种定义忽略了人类"快乐振动"的目的。

开怀大笑是身体的运动，是内在的慢跑，大笑会使你的脸部、肩膀、横膈膜以及腹部的肌肉大大地运动一番。笑得打战或手舞足蹈时，你的手脚肌肉都参与了运动，心跳和血压暂时升高，呼吸又快又沉，氧气在血管中流通。大笑一个小时所燃烧的卡路里相当于同样时间的快走或骑自行车。就理论上说，你可以躺在沙发上看《天才老爹》的笑话录像带而达到减肥的目的。

心灵悄悄话
XIN LING QIAO QIAO HUA >>>

在微笑中学会幽默，在微笑中学会抗争，在微笑中学会拒绝，在微笑中学会憧憬，在微笑中走向成熟的人生。

天上太阳没有穿不透的云

每个人的一生多少都有不如意的时候，即使最快乐的人也会觉得无奈、失望、困惑和迷惘，谁都不可能永保心情愉快。有时候，你也会因为发生意外和不幸而感到灰心沮丧，虽然问题或许没那么严重，但是心中的阴霾总是挥之不去。若想得到解脱，就应该了解，偶尔出现消沉甚至绝望的情绪不会造成大碍。

当沮丧来临时，不一定要抗拒，应该记住一个心理学原则：有些事情越是抗拒，越难摆脱。接受负面情绪，它们会消失得更快。今天的痛苦也许一两天后就会烟消云散，届时你又可以重拾生活热情了。当你回想起自己渡过的难关，将更能体会活着的喜悦。

许多事情总会否极泰来，无论我们是否尝试改变它们。法国哲学家萨特说："绝望的反面是重生。"晚上看起来很糟的事情，转天早上就觉得好多了。《圣经》里的《诗篇》中说："晚间虽令人哭泣，清晨却使人欢喜。"俄国谚语也说："白天的智慧胜过夜晚。"

有一位已经80岁的老太太，因为子宫瘤开过刀，不但失去了子宫，连脊椎也截去两节。她每天躺在床上，最爱读报纸上的讣闻，这些乏味而公文程式化的讣闻，她篇篇读得津津有味，读罢神情愉快，令我十分迷惑，是幸灾乐祸吗？我想知道谜底。有一次，她笑笑说：

"每次看到讣闻中享寿60、70岁以下的，我就觉得自己早已够本，为自己庆幸；每次看到讣闻中享寿90、100岁以上的，我就觉得来日方长，自己大有希望，为自己高兴！"

她真是一位乐观的人，无论所见讣闻主角寿命的长短，都给自己正面的鼓励，都从好的角度去推想。如果是一位悲观的人，眼光也许全部相反，见到享寿60、70岁的，就悲伤自己真是受罪，到80岁了还不放过，"赖活"真不如"好死"。见到享寿90、100岁的，又伤心自己何其倒霉，才80岁就奄奄一息了！每回都从负面影响自己，都从坏的角度去推想。

心情再怎么低落，迟早都会转忧为喜。世界不是静止的，有些问题虽然可能恶化一段时间，但不会永远坏下去。人生的际遇就像四季的变化，北方的夏天虽然不长，但也不会出现永远的冬天，换句话说，好事迟早会出现。生活于19世纪末的印第安人"响尾蛇"说过一句很有哲理的话："天上没有厚得让阳光穿不透的云。"

今天的苦难，是明天的启示。遭遇挫折与灾难，都是有意义、有好处的。挣脱了痛苦的煎熬，便能产生坚强的灵魂与人格。海伦·凯勒说："舒适安逸无法锻炼人格，唯有经历考验磨炼，灵魂才会坚强，视野才会清明，志气才会昂扬，成功才会降临。"

有时候，失落的情绪可能持续一两天，这时就要用比较乐观的态度面对问题，认清人在心情低落的时候，会把人生看得特别灰暗困厄。有人这么写道："好好活下去！人生只此一回。"无论你多么鄙视自己，世界上总会有人看重你，所以要记住：情况迟早会转好。只要保持愉快的心情，就会觉得情况看起来好多了。

无论环境有多糟，都不要放弃希望。滚石乐队有首歌唱道："失去梦想，就失去理智。"所以你一定要喜欢自己，相信人生过得很值得。再怎么孤单或难过，都可以面对现实，改变现状。

人生贵在拥有一个优质心态。有这样心态的人，他承认挫折只是人生的一道关卡。任谁都会有不愉快、不如意、不顺遂。他较懂得"清水河"法则，不会把挫折压抑在心底，而是及时排解清理。也即是说，他拥有一套成熟的心理应付技巧。

　　这使我想起从前清人毛际可为了刊刻著作，必须卖田筹款；若不卖田，那就刻不起自己的著作，孰得孰失，大伤脑筋。他的儿子见到父亲犹豫不决，点醒他说："卖掉田地，可以省些赋税；刊刻著作，又可以洛阳纸贵，两件都是好事，犹豫什么呢？"哈，真有人如此乐观，样样想来都是好事情。

　　一个70多岁的老人，眼部手术失败，两眼皆盲，却对人说："临老眼睛瞎了，别人一定很痛惜，而我倒觉得：不再看世上碌碌的寻常人，也是一件喜事呀！"哈，"此后已辞倾险路，从今不见寻常人"，瞎眼竟也不坏！

　　我又想起一位悲观者说："每次读古人的文章，只要想到这些写文章的文人，没有一个还活着，文章何用？我立刻万念俱灰！"而另一位乐观者却说："每次读古人的文章，只要想到古人的文章，到今天居然还流传着，文章不朽，我立即万念奋起！"哈，同样想一件事，竟是南辕北辙！

　　人世的悲喜苦乐，感应全在一念之间，悲观的人，总在两难的事件上，把两件坏结果全选了去；而乐观的人，却能把两件好结果全挑了来，世界的黯淡与光明，关键就在这儿呀！

心灵悄悄话
XIN LING QIAO QIAO HUA >>>

　　对待同一件事情，悲观者与乐观者会得出截然相反的判断。这提示人们，结果可以由我们自己来选择。惯常用灰色眼睛看事情的人，会在每一个机会中看到困难，而积极心态的人则在每一个困难中看见机会。

随时来点幽默

有些人虽然在哲学家和老学究的眼里看来很虚浅，却活得比那些哲学家和老学究快乐许多。哲学家与老学究常用刻板严肃的态度面对人生，以至于观念固陋、思想僵化，"思想虚浅"的人却是以轻松、玩乐、愉快的态度看待人生，对大多数事情都不太在乎。最重要的是，他们真正懂得享受人生。

世界上有很多东西都可以增添生活情趣，若把每件事情都看得太严肃，生活就会索然无趣。有些心理医生和学校老师并不认为玩乐和幽默也是成功的要素，因为嬉笑玩闹会给人一种率性、随便的印象，显得漫无目标、没有出息，然而事实并非如此，英国诗人柴斯特顿说："插科打诨虽不正经，却有益于心理健康。"

如果你认为世界上唯一值得信任的人是你自己，而你又缺乏自信，那就干脆放轻松点，犯不着浪费时间分析自己的心情与感受，否则你能尽情享受生活的时间就要大打折扣，所以应当善用自己的幽默感。英国诗人巴特勒建议："人人都该严肃思考一件事：别把什么事都看得太严肃。"

林肯是美国历任总统中最具幽默感的一位。

有一次，林肯在擦自己的皮鞋，一个外国外交官向他走来说："总统先生，您竟擦自己的皮鞋？""是的，"林肯诧异地反问，"难道你擦别人的皮鞋？"

又有一次，一个妇人来找林肯，她理直气壮地说："总统先生，你

一定要给我儿子一个上校的职位。我们应该有这样的权利，因为我的祖父曾参加过雷新顿战役，我的叔父在布拉敦斯堡是唯一没有逃跑的人，而我的父亲又参加过纳奥林斯之战，我丈夫是在曼特莱战死的，所以……"林肯回答说："夫人，你们一家三代为国服务，对国家的贡献实在够多了，我深表敬意。现在你能不能给别人一个为国效命的机会？"那妇人无话可说，只好悄悄走了。

林肯的脸较长，不好看。一次，他和斯蒂芬·道格拉斯辩论，道格拉斯讥讽他是两面派。林肯答道："要是我有另一副面孔的话，我还会戴这副难看的面孔吗？"

凡事能以轻松幽默的态度去面对，对自己是有利的。在任何环境之下都能制造乐趣的人，也比较能够应付重大问题、提出创意构想、处理紧急事故。你也可以尝试用比较轻松的态度面对严肃的问题，并记住王尔德的一句话："人生多么可贵，不该板着脸孔面对。"

有时候，你在最不应该大笑的场合很想大笑一场，因为你需要舒解压力，大笑几声才能松弛情绪。大多数人都是把娱乐变成工作，但你应当反其道而行，化工作为娱乐。一项研究指出，懂得在工作中找乐子的人，压力较小，寿命较长，成功机会也较多。

美国作家乔治·阿萨夫在一首诗里这样写道：

"把你的烦恼收进旧行囊，微笑，微笑，微笑；虽然有魔鬼般沉重的辛劳，微笑，孩子，就是那样。担忧有什么用处？不值得那样做，所以，把你的烦恼收进旧行囊，微笑，微笑，微笑。"

夏普是英国的外科名医，有一次被急召去诊治某位"伤势严重"的勋爵。

当他匆匆赶到勋爵的宅邸后，发现勋爵不过是轻微的皮肉伤而已。但他还是拿过纸笔，匆匆开了个药方，吩咐勋爵的仆人：

"你赶快到药房去拿药，跑步去！"

勋爵听到这急促的吩咐后，吓得脸色都发白了，紧张地问夏普医师："我的伤口看起来很危险吧？"

"是的，如果您的仆人不赶快将药拿回来的话，我担心……"夏普医师沉吟。

"将会发生什么事？"勋爵惶恐地问道。

"我担心，在他赶回来之前，您的伤口已经愈合了！"

马克·吐温曾语带调侃地说："我的一生，大都在忧虑从未发生过的事。"人生不满百，常怀千岁忧，多数人都有着过多的忧虑，更会夸大他们的忧虑。

勋爵眼中的"大难临头"，在夏普医师的眼中不过是"芝麻绿豆"。夏普医师有点"不严肃"，但也很有幽默感。

幽默感正是减轻心理负担，让自己放轻松，治疗身心的大小伤口，化解人生各种忧虑的最佳"解毒剂"。

如果人生像开车行驶于崎岖不平的路上，幽默感就像减震器，可以让我们免于沿途的颠簸之苦。

幽默感也是激发创造力的好方法，严肃刻板的思想则会阻碍创造力。专家们发现，世界上有许多绝妙高明的解决方法都是靠幽默的灵感激发出来的。创意的形成，需要三样很多人并不孤立的条件：玩心、幻想和傻劲。正经八百、不苟言笑的人，很少想得出新鲜的妙点子。

心灵悄悄话
XIN LING QIAO QIAO HUA >>>

笑有助于人们智力的发挥。因为愉快的心情会增强思维纵横驰骋的能力，使考虑问题全面透彻，这样，就容易解决智力或人际方面的问题。

心存感恩

爱因斯坦在《我的信仰》一文中有这样一段话："我每天上百次地提醒自己：我的精神生活和物质生活都依靠着别人（包括生者和死者）的劳动，我必须尽力以同样的分量来报偿我所领受了的和至今还在领受着的东西。"

常怀感恩之心生活，日子久了我们的生活态度就会发生转变。我们会从只注意对自己需要的满足，转变到关心他人的需要是否得到了满足。如果我们总是想着自己的母亲，我们就不会因为一点儿得失而与他人争执不休，就可以做到为人谦和，并培养出自己的独立性。但是，如果为了一种自私的目的去培养独立性，结果会适得其反。自己的需要得到了满足，并不会产生心理平衡，真正的心理平衡，只有在我们把注意力放在他人（比如母亲）身上时，才有可能。

据说，在美国从百万富翁家庭出身的孩子，长大进入社会后，生活较少有愉快感；反而穷人家的孩子经过一路拼搏奋斗上来，较会有杰出的表现，对人生也有比较积极的态度。就是说，他们的快乐指数较高。

大陆和台湾两岸的十大杰出青年的一次座谈会，发言的是大陆的陈章良、孙雯和台湾的一个青年科学家。三位明星人物的发言都挺精彩，但就是太报告化了，拖的时间太长。轮到他发言时，已过了预定的会议结束时间，于是主持人宣布让他讲三分钟。

他的第一句是"日本有个阿信，台湾有个阿进，阿进就是我"。接着这句开场白，他给大家讲了他的故事：

　　他的父亲是个瞎子，母亲也是个瞎子且弱智，除了姐姐和他，几个弟弟妹妹也都是瞎子。瞎眼的父亲和母亲只能当乞丐，住的是乱坟岗里的墓穴，他一生下来就和死人的白骨相伴，能走路了就和父母一起去乞讨。他9岁的时候，有人对他父亲说，你该让儿子去读书，要不他长大了还是要当乞丐。父亲就送他去读书。上学第一天，老师看他脏得不成样子，给他洗了澡。这是他生命中第一次洗澡。为了供他读书，才13岁的姐姐就到青楼去卖身。照顾瞎眼父亲和弟妹的重担落到了他小小的肩上——他从不缺一天课，每天一放学就去讨饭，讨饭回家就跪着喂父母。瞎且弱智的母亲每次来月经，甚至都是他给换草纸。后来，他上了一所中专学校，竟然获得了一个女同学的爱情。但未来的丈母娘说"天底下找不出他家那样的一窝窝人"，把女儿锁在家里，用扁担把他打出了门……

　　然后，他提高了声音："但是，我要说，我对生活充满感恩的心情。我感谢我的父母，他们虽然瞎，但他们给了我生命，至今我都还是跪着给他们喂饭；我还感谢苦难的命运，是苦难给了我磨炼，给了我这样一份与众不同的人生；我也感谢我的丈母娘，是她用扁担打我，让我知道要想得到爱情，我必须奋斗必须有出息……"

　　他就是曾当选台湾第37届十大杰出青年赖东进，是一家专门生产消防器材的大公司的厂长。

　　故事主人公完全有理由抱怨命运之不公的人，可是他反而以一种"感谢折磨我的人"的心态去把握自己的命运，结果成全了自我。因此，我们可以这样认为，人生最重要的不是握一手好牌，而是如何把坏牌打好。

　　如果你能够不在寒冷中冻僵的话，不因又饿又渴难受万分的话，那就够不错的了。如果你后脊梁骨没有被摔伤，你的脚还可以行走，双臂还可以环抱，双眼还看得见，双耳也还听得见，你还会妒忌别人吗？你

怎么还会产生妒忌呢？我们对其他人的妒忌或许会毁坏我们的一切。请擦亮你们的眼睛，并净化你们的心灵吧！让我们感激世界上的其他东西，感激那些爱着我们的人，以及那些希望我们生活得美好的人们吧！

我们中很少有人真正意识到，上天送给我们的礼物在于有着无可限量的潜能。可是，我们很少去感谢自己已经拥有的东西，却念念不忘得不到的东西，常怀感恩之心。

如果我们只关心自己的所得所失，斤斤计较；如果我们变得过分自我关注、自我审视，就会出现各种情绪困扰。我们对身外世界的需要总是不能得到满足。尽管我们并不总能中彩，也并不总能得到赞扬，可我们仍然心存奢望。

不知你是否认真想过，在多大程度上，你是真正属于自己的？你的名字是父母给的，你的躯体是父母给的，你的语言是父母、老师、同伴教会的。你之所以能长大，应该归功于那些食品，而生产那些食品的人你大多并不认识。你身上的衣服是别人纺织、缝制的，而你又用别人给的钱把它买回来穿。甚至，你不知道自己的想法来自哪里、流向哪里以及会被何种新的想法所替代。没有一样东西真正属于你自己，所有的东西都归于别人。我们大家的情况都不过如此。

当然，你会说，你的衣服是用自己的钱买来的。可是，你的钱又是谁给的呢？又是谁教会你工作、挣钱的呢？是谁雇用了你？是谁让你受教育？如果我们照此深追下去，就不难发现，我们的成就原来都是别人的功劳。没有一件事是我们单靠自己做出来的。

我们都以为自己是自己造就的。我们都相信，由于自己尽了努力，才达到目前的状态。但如果我们冷静地沉思一下，就不难发现，即便是那些最小的细节，都无不受到他人、外界事物的制约，过去如此，将来也概莫能外。因此，"自我造就"观是幼稚可笑的。

如果我们能认真地考察一下外界（人、物）对我们自身的支持与帮助，那么，我们就会油然生出一股感激之情。可能以前我们中很多人也曾认为我们自己取得的一切都应归于自己，并把这视为理所当然，并

且，不知不觉地老爱这样想。但是，现实终归是现实，无论我们是否能意识到它的存在，无论我们是否报以感激之情，也无论我们是否同意这种观点，它都是现实。

现实在不断地给予我们，我们所得到的不仅仅是抽象概念，还有一些具体实在的东西。

能够认识到上述事实，就很自然出现下述两种反应：一种是回报意识，一种是当我们回报不够时，产生内疚情感。我们可以拿自己的父母做例子。经过反思以后，我们的倾向、态度就会发生改变。开始时，我们也许会觉得我们从父母那里得到的太少，他们欠我们的太多；经过反思，我们就可能觉得我们得到的太多，我们只有不断工作，才能报答他们。当然并不是说天下所有的父母都十全十美，也不是说他们抚养我们的一切行动都无可挑剔。但是，在我们幼小时，我们的父母给我们以衣食，悉心抚养我们成人。他们不厌其烦地做那些事，不管是否出于自愿，也不管他们对这一切抱什么态度，但有一条是清楚的，那就是，如果父母不那样做，我们就不可能活到今天。

生活的智能应该是我们教育的目标，我小时曾读过"晚食以当肉，安步以当车，无罪以当贵，归真返璞，终身不辱"，假如我们能让年轻人体会到内心的快乐才是恒久的快乐，说不定这个社会就会更多一些感恩之心。

心灵悄悄话
XIN LING QIAO QIAO HUA >>>

不仅是生活中的人需要报答，世界上的事物也需要报答。只要我们好好想一想，周围的事物为我们做了些什么，我们就会产生一些由衷的感激之情，想着为它们做出贡献。

再试一次

心理学家做过一个试验：

将一只饥饿的鳄鱼和一些小鱼放在水族箱的两端，中间用透明的玻璃隔开。刚开始，鳄鱼毫不犹豫地向小鱼发动进攻，一次、两次、三次、四次……多次进攻无望后，它不再进攻。这时，拿开挡板，鳄鱼依然不动，它只是无望地看着那些小鱼在它的眼皮底下游来游去，放弃了所有的努力，活活饿死。

也许我们会嘲笑鳄鱼的愚蠢，可遗憾的是，当挫折接踵而至，当失败如影随形，我们不也曾像鳄鱼那样放弃所有的努力听任命运的安排吗？而在这个世界上，所谓的命运又是什么呢？

在一次火灾中，一个小男孩被烧成重伤，下半身没有任何知觉。出院后，妈妈每天用轮椅推着他到院子里转一转。

有一天，妈妈推着他到院子里呼吸新鲜空气时有事离开了。迷人的景色让他的心从沉睡中醒来：我一定要站起来。他奋力推开轮椅，用双肘在草地上匍匐前进，爬到篱笆墙边，努力抓墙站起来，拉住篱笆墙练习行走。

一天天过去了，他的双腿始终软弱地垂着，没有任何知觉。可他不甘心于轮椅上的生活，他握紧拳头告诉自己：未来的日子里，一定要靠自己的双腿来行走。终于，在一个清晨，当他再次拖着无力的双腿紧拉

着篱笆行走时，一阵钻心的疼痛从下肢传了过来。他惊呆了，自从烧伤后，他的下半身再也没有任何知觉。他怀疑是自己的错觉，又试着走了两步，那种疼痛又一次清晰地传了过来：在他不懈的锻炼下，他的下肢已开始恢复知觉了。

自那以后，他的身体恢复很快，终于有一天，他竟然在院子里跑了起来。自此，他的生活与一般的男孩子并无两样，到他读大学时，还被选进了田径队。

他，就是葛林康·汉宁博士。他曾经跑出过全世界最好的成绩。

也许，就在那一试之下，我们的梦想变成了现实。

无论如何，再试一次吧。人与其他动物的根本区别在于：人有理性，有意志力。对每个人来说，挫折是人生的常态，失败也必定不可避免。一个人在未竭尽全力之前，决不要承认自己的失败。贵在尝试！

爱迪生在发明电灯的过程中，经历过无数次的失败。

有人说他共经历了 1200 次的失败。于是有个记者提出了这样的问题：

"请问您是如何看待那 1200 次的失败？"

爱迪生回答说："不是我失败了 1200 次，而是我成功地发现了 1200 种不能做灯泡的材料。"

又有人说他失败的次数不是 1200 次，而是 1300 次。于是又有记者提出这样的问题："请问您如何看待那 1300 次的失败？"

爱迪生回答说："不是我失败了 1300 次，而是我发现要成功制造灯泡总共有 1301 个步骤。"

如果没有失败的衬托与调味，怎么能有成功的可贵和甘美？重要的不是"不失败"，而是不要因失败而灰心气馁。

爱迪生之所以能成为伟大的发明家，就在于他的智慧和可贵品质。

其实，很多事情都取决于我们看待的视角，如果把失败看作是成功的调味品，不就更容易让人坚持下去吗？

贝克特安慰失败的人说："试过吗？失败过吗？没关系，再试一次，再失败一次，失败得漂亮点。"

心灵悄悄话
XIN LING QIAO QIAO HUA >>>

不想交心气馁，就要用另一种眼光来看待失败。失败，其实只是成功的预演，是通注成功的阶梯。当失败越来越漂亮时，也就越接近成功了。要知道，人在这个世界上我们每一个人的存在都是独一无二的，其价值也是独特的。个人生命的意义是自己赋予的，自我价值也要由自己来证实。

肯定自己的价值

在我们的生活中，有许多时候，我们跌倒，被击垮，弄得灰头土脸的。当这些情况发生的时候，往往令我们觉得自己一无是处。但是要明白：不管发生了什么事或是将要发生什么事，我们都不会失去自我的价值，只因我们每个人都是如此特别，我们还是原来的自己。越多的磨砺，只会令我们越发成熟。如蒙灰的黄金，即使经过再多时间风雨的打击，也不会损及它原本的价值。

一位演讲者在集会中拿出一张20元面额的纸钞，对着听众说："有谁想要这20元呢？"马上有一堆人立刻举起手来。

他看了看，便笑着说："我将要把这钱给你们其中的一个人，但是在这之前，我要这么做……"说着就把纸钞给弄皱了，然后又问："谁还要这张纸钞？"还是有人举手。

"很好。"这人又接着说，"那假使我这么做……"说着便把纸钞丢在地上，又用鞋子踩，然后拾起来说："现在这钱是又皱又脏了，还有人要吗？"还是有一堆人举手。

"在座的各位，我想我们已经学到了很有价值的一课：不论我对这钱做了什么事，但你们还是要，原因在于我的举动并无损于它的价值——它还是20元。"

有的人在生理上可能有某些先天缺陷，也可能有时败得很惨，弄得自己灰头土脸；但这些都丝毫不能影响你内在的价值。

有一位伟人说得好："除非你自己认可，否则，没有任何人可以使你觉得自己比别人低下。"一切都有可能。

1883 年，富有创造精神的工程师约翰·罗布林雄心勃勃地意欲着手建造一座横跨曼哈顿和布鲁克林的大桥。然而桥梁专家们却劝他说这个计划纯属天方夜谭，不如趁早放弃。

罗布林的儿子华盛顿·罗布林——一个很有前途的工程师，也确信这座大桥可以建成。父子俩克服了种种困难，在构思着建桥方案的同时，也说服了银行家们投资该项目。

然而大桥开工仅几个月，施工现场就发生了灾难性的事故。父亲约翰·罗布林在事故中不幸身亡，华盛顿的大脑也严重受伤。许多人都以为这项工程会因此而泡汤，因为只有罗布林父子才知道如何把这座大桥建成。

尽管华盛顿·罗布林丧失了活动和说话的能力，他的思维还同以往一样敏锐，他决心要把父子俩费了很多心血的大桥建成。

一天，他脑中忽然一闪，想出一种用他唯一能动的一个手指和别人交流的方式，他用那根手指敲击他妻子的手臂，通过这种密码式的方式由妻子把他的设计意图转达给仍在建桥的工程师们。整整 13 年，华盛顿就这样用一根手指指挥工程，直到雄伟壮观的布鲁克林大桥最终落成。

无独有偶。法国有一名记者叫博迪，在年轻的时候，他因一场病导致四肢瘫痪。在全身的器官中，唯一能动的只有左眼。可是，他还是决心要把自己在病倒前就构思好的作品完成。

博迪只会眨眼，所以就只有通过眨动左眼与助手沟通，逐个字母地向助手背出他的腹稿，然后由助手抄录出来。助手每一次都要按顺序把法语的常用字母读出来，让博迪来选择，当她读到的字母正是文中的字

母时，博迪就眨一下眼表示正确。由于博迪是靠记忆来判断词语的，有时不一定准确，他们需要查辞典，所以每天只能录一两页。可以想像两个人的工作是多么的艰难！几个月后，他们历经艰辛终于完成了这部著作。为了写这本书，博迪共眨了20多万次眼。这本不平凡的书有150页，它的名字叫《潜水衣与蝴蝶》。

在这个世界上，很多人之所以没有成功，并不是因为他们缺少智慧，而是因为他们面对事情的艰难而没有前进的勇气。波德莱尔说过："没有一件工作是旷日持久的，除了那件你不敢着手进行的工作。"一根手指就可以建造一座大桥，一只眼睛就可以写出一本书，还有什么是不可能的呢？

常言道，"弱者其心先弱"。人间许多事情的可能或不可能的结果都是"事在人为"。

根据生物学的观点，所有会飞的动物，其条件必然是体态轻盈、翅膀十分宽大；大黄蜂的身躯十分笨重，而翅膀却是出奇的短小。依照生物学的理论来说，大黄蜂是绝对飞不起来的。而物理学家的论调则是，大黄蜂身体与翅膀比例的这种设计，从流体力学的观点来看，同样是绝对没有飞行的可能。简单地说，大黄蜂这种生物是根本不可能飞起来的。

可是，在大自然中，只要是正常的大黄蜂却没有一只是不能飞的。而且它的飞行速度并不比其他能飞的动物差。这种现象，仿佛是大自然和科学家开的一个大玩笑。

最后，社会行为学家找到了这个问题的解答。答案很简单，那就是——大黄蜂根本不懂"生物学"和"流体力学"。每一只大黄蜂在它成熟之后，就很清楚地知道，它一定要飞起来去觅食，否则就必定会活活饿死！这正是大黄蜂之所以能够飞得那么好的缘故。

我们不妨从另外一个角度来设想，如果大黄蜂能够接受教育，学会了生物学的基本概念，而且也了解流体力学，根据这些学问，大黄蜂很清楚地知道自己身体与翅膀的设计完全不适合飞行。那么，这只学会告诉自己"不可能"会飞的大黄蜂，它还能够飞得起来吗？

一个生长在孤儿院的男孩常常悲观而又伤感地问院长："像我这样没人要的孩子，活着究竟有什么意思呢？"

院长总是笑而不答。

有一天，院长交给男孩一块石头，说："明天早上。你拿这块石头到市场上去卖，但不是'真卖'，记住，无论别人出多少钱，绝对不能卖。"

第二天，男孩蹲在市场角落，意外地有许多人向他买那块石头，而且价钱越出越高。

回到院里，男孩兴奋地向院长报告，院长笑笑，要他明天拿到黄金市场上去叫卖。在黄金市场，竟有人出比昨天高10倍的价钱要买那块石头。

最后，院长叫男孩把石头拿到宝石市场上去展示。结果，石头的价钱较昨天又涨了10倍，由于给多少钱都不卖，竟被传扬为"稀世珍宝"。

男孩兴冲冲地捧着石头回到孤儿院，将这一切禀报院长。

院长望着男孩，慢慢道："生命的价值就像这块石头一样，在不同的环境中就会有不同的意义。一块不起眼的石头，由于你的珍惜、惜售而提升了它的价值，被说成稀世珍宝，你不就像这块石头一样吗？只要看重自己自珍自爱，生命就有意义，有价值。"

遗憾的是，不少人因为看轻了自己，自暴自弃，不思进取，甘于平庸，碌碌无为而一生虚掷。

或许，在过去的岁月当中，有许多人在无意间灌输给你许多"不

可能"的思想，但请你把这些种种的"不可能"完全抛开，再一次明确地告诉自己：生命，是永远充满希望与值得期待的。心理学大师弗洛伊德说："我总是向外寻求力量与自信，谁知它们时时刻刻都在我的心灵深处。"

心灵悄悄话
XIN LING QIAO QIAO HUA >>>

所有的限制都来自自限，人的潜意识的力量是巨大的，关键是你给它"可能的"暗示还是"不可能的"暗示。世界上最无可救药的残废，就是自己头脑患上"不能思想"病。

第二篇 >>>

平平淡淡是佳境

　　一个人以什么样的心态去融入社会，决定着他能否被社会所认同、所接受，进而决定他能否生存于其中。平平淡淡是佳境，淡泊的生活是理性的，安然的，快乐的，也是幸福的，这样的人不但能赢得自己的成功，也能赢得他人的尊重，从而从容地赢得人生的大境界。

　　人生的点点滴滴，都始于平淡，终于平淡。平淡才是人生的况味，才是生活的真谛。普通和平凡，才构成了生命的永恒！要明白一切最终还是要归于平淡的！

做人不自卑也不要高傲

人们通常所谓的"害羞",其实都是由于自己的心理因素在作祟。那些自以为害羞的人,其本身的意识里也必有几分羞涩的成分,这种人往往有很深的自卑心理。

水在低洼处或高坡处都不易流动,只有在平面上才易于流动。人在社会中的生活就像水流,自卑与高傲都不利于己,只有平和为人才能受到人们的欢迎。

阿里是人类历史上最伟大的拳击运动员。在他18年的拳击运动生涯中,一共打了61场比赛,创造了56胜5负的惊人纪录,其中有37场是击倒对手。面对阿里的赫赫战绩,人们实在想不出有比"超人"更恰当的词语来称颂他,在一片赞美声中,阿里也曾经有过飘飘然,以为自己真的是不同凡响的超人。

后来有一次,阿里乘坐一架芝加哥飞往阿拉斯加的航班。起飞时,空姐要求每位乘客系好自己的安全带,阿里自恃自己的特殊名望,并没有马上去做。空姐见状,便来到阿里身边,再次要求他系好安全带。阿里有魃自负地说:"超人是不需要系安全带的。"这位空姐只是平静地微笑着对阿里说了一句足以让他清醒的话:"超人用坐飞机吗?"

阿里愣了一下,乖乖地系好了自己的安全带,从此不再以超人自膀。他知道,一个人无论怎样杰出和卓越,归根到底也只是…个普通人,都绝不是无所不能的超人。

　　试想，连阿里这样的人物都知道自己不是超人，那么普通人就更应当正确判断自己的能力、学识、特长，从而得到一个清醒的判断，哪些事情适合自己做，哪些事情自己做不了，哪些工作自己会轻而易举地干好，哪些工作自己干起来吃力。以这样平和的心态来对待自己、对待工作，才能拥有快乐的职业和幸福的生活。

　　玛格丽特在小时候，母亲给她起名为"康多莉扎"，意思是"甜美的弹奏"。于是小玛格丽特立志成为一名钢琴家。但在大学的一次音乐节上，她看到有个 11 岁的孩子看一眼就能演奏一支曲子，而这支曲子，玛格丽特认为自己要练一年才能弹好。钢琴世界的激烈竞争和严酷现实使她放弃了自己的钢琴梦。她说："我弹得不错，但不是最好的。实际上，几乎所有的曲子我都能弹，但我永远不能像真正的钢琴家一样弹得那样好。"正是由于对自己有着清醒的认识，玛格丽特才重新选择了人生的道路。虽然她没有成为钢琴家，但她却成了一位出色的作家，她的作品《飘》誉满全球。

　　女人如果不性感，就要感性；如果没有感性，就要理性；如果没有理性，就要有自知之明；如果连这个都没有了，她只有不幸了。这个道理对男人而言，何尝又不是如此呢？正如苏格拉底所说的"缺少自知之明的人，只会犯错误"。现实生活中，很多人因为不能正确认识自己，以为自己真是超人、天才或者鹤立鸡群，结果都从飘飘然的睡梦中重重地摔了下来，最后的结局比一个普通人还不如。

　　威廉·赫谢尔是天王星的发现者，他却认为在太阳光焰万丈的大气之下一定是阴暗凉爽、宜于居住的地方；美国天文学家珀西瓦尔·洛厄尔坚持说他的确看到火星上存在运河；美国化学家罗伯特·黑尔发明了一种能与死者互通信息的装置；德国物理学家魏伯与现代进化论的联合奠基人之一的华莱士都认为可以召回人的灵魂；牛顿曾费尽心机想把

铁、铅一类金属变成黄金白银……

众多的大科学家也会犯低级错误。由此可见，人要做到自知之明实在很难。事实上，有这几种方法可以让你准确评价自我：一是与他人做对比，通过与同伴的比较，来正确认识自己的性格、知识、能力等方方面面的情况。二是多听他人的评价，他人的评价比自己的主观评价具有更大的客观性，因此更有助于我们对自己做恰如其分的评价。三是实践，是骡子是马拉出来遛遛，自己是否具有某方面的才能，不妨寻找机会去实践，通过自己成功或失败的经验教训来发现自己的长处和短处。

当然，最重要的还是要有一颗平常心，拥有平常心的人并不会掩饰自己的缺点，相反他们会把一个真实的自我摆在周围人眼前，希望周围人能给他们挑出不足和欠缺的地方，他们懂得要时时自我反省。换句话说，就是能把自己看得很清楚，并不断地进行自我审查，诚恳无私地了解自己。

一个学校在招聘教师的时候，问应聘者："你为什么选择教师这个职业？"一个女生说："我小时候曾立志长大后要做伟人，念中学时，我觉得做伟人太难了，便将志向改为做伟人的妻子。但现在，我知道我能做伟人妻子的机会实在渺茫，所以又改变了主意，争取做一个优秀的教师。"她这番真诚的话得到了评委的一致认可，当场被录取了。

我们大多数人与这位女生一样，都是平平常常、普普通通的人，所以也应该像这位女生学习，具有自知之明，放弃不切实际的幻想，用平常人的心态来做好平凡的工作。

心灵悄悄话
XIN LING QIAO QIAO HUA >>>

当不了将军就成为一个团长或连长，当不了连长就当一个士兵，只要有自知之明，知道自己适合干什么，就能在自己的位置上干出不平凡的业绩。

不做完美主义者

成功，是每一个追求者企盼、向往的目标。在这个目标的推动下，人能够被激励、鞭策，奋发向上，向美好的目标挺进。然而，如果脱离客观现实，为自己设置可望而不可即的目标，那么，结果往往是压抑、担心和失望。

傍晚，她在自家楼下的大商场，极具耐心地挑选饮水杯。大商场的饮水杯琳琅满目，式样齐备，可是挑来选去还是没有完全合意的。太大的，提着太重，与她的文雅恬静不相符；太小的，装得太少，不停地去盛水极不方便。太高的，放着不稳；太粗的，拿着不方便。有些杯子，设计式样不错，但用料差，不经摔；有些杯子，用料不错，但显得老土笨重，不够时尚；有些杯子设计精美，用料上剩，但又没有隔茶叶层，她平时喜欢放点菊花和罗汉果等进去泡；也有些杯子，各方面基本都满意，但那条吊绳质量差了点，以前她有两个杯子就是因为吊绳断了而报废。

其实，开始时，她花了不少时间，挑中一只高级不锈钢保温杯。那只杯子设计合理，雕花精美，样式高雅，但临结账时，她猛然想起，现在已是冬天，每次喝水都要握着冰冷的不锈钢，实在不好受。手可是女人的第二张脸，伤不起。

所有的杯子都让她挑了一遍，还是没有满意的。最后她将目光锁定在两只杯子上，然后左看看右看看，细细分析各自的优缺点。这是两只接近她心中完美标准的杯子，印花精美，设计合理，料实耐摔，吊绳坚

韧，但又都存在着瑕疵，一只略粗难握，一只颜色略显隐晦。

选择无疑是一件极度痛苦的事情。唉，她长长叹了一口气，然后把两个杯子，一起拿到收银台，结了账。这是她以往无法取舍时，习惯的最终做法。看着手里的两只杯子，她不由自主地想到家里那几衣柜满满的衣服，好多还没有穿过呢。

她是一个不折不扣的完美主义者。她还是一个非常优秀的人，用"窈窕淑女，君子好逑"来形容绝不过分，名牌大学毕业，知书识礼，工资优厚，相貌迷人，身材曼妙。在单位里，精于业务，办事周到，深得领导的赞赏；在生活中，与人为善，接物细心，深受朋友的欢迎。

但她芳龄已过三十，依然孑然一身。很多人听说花姐还没结婚，都表示不相信，总是惊讶地说，怎么可能！但世事就是这么奇怪，因为追求她的人总是不够完美。对方要么性格差了点，要么学历低了点，要么家境差了点，要么距离远了点，要么样子平庸了点，更要么感觉差了点……

心理学家在对工作效率和情绪健康的科学研究中，曾对 150 名年收入在 1 万 ~150 万美元的销售人员进行了一次调查。他们中有 40% 的人是完美主义者。可以预料，在现实生活中，他们要比那些非完美主义者承受更大的精神压力，他们的生活会充满担心失败的焦虑和忧愁，不敢冒险，患得患失，他们的工作效率低于那些非完美主义者，他们并没有更多的成功。

事实上，完美主义者患得患失惧怕失败的焦虑和压力束缚他们的手脚，压抑他们的创造性，使其工作效率降低。

宾夕法尼亚州立大学心理学家的研究发现，有资格参加奥林匹克运动会的运动员，不同于其他运动员的显著标志之一，就是他们很少为自己制定完美的标准。

心理学家所指的"完美主义者"是什么呢？它并不包括那些为美好的理想健康地追求着的人们。没有客观的目标与科学的态度，成功是

难以实现的。完美主义者是这样一些人们，他们为自己设置不可能达到的目标，强迫自己去实现，并用他们的成就去衡量自身的价值。结果，他们总是为担心失败惴惴不安。

20世纪七八十年代，在美国心理治疗界发现有这样一类求治者：他们是成功的商人、艺术家、医生、律师和社会活动家等。他们在自己的领域如鱼得水，出类拔萃，但他们的努力并未给自己带来所期待的幸福生活。

心理学家们发现，完美主义者具有这样一些共性：他们的成功既不能给他们带来成就感，也不能带来一个完整、独立的自我感受。他们寻找心理治疗，以期给自己的生活带来意义，并克服空虚感。

完美主义者的自我系统处于分离状态，一方面，当他们获得成功时，他们可以体验欢欣；另一方面，在他们的内心深处却隐藏着深层的无价值感和自卑感。正是这种匮乏导致了他们将无所不能的完美主义倾向当作护身的盔甲。他们抱怨所有的成功似乎都不能给自己带来快乐，没有人理解他们，他们也不能理解他们自己。他们的整个生活都在隐蔽自身中不被自己接纳的那部分。通俗地说，他们不能接受自身的不完美。

改变这种可怕性格的方法就是，学会重新树立评价自己的标准，改掉原来那种完美的、苛刻的、倾向于全面否定的标准。

树立一种合理的、宽容的、注重自我肯定和鼓励的标准；学习多赞美自己，把过去成功的事例列在纸上，坦然愉悦地接受别人的赞扬并表示感谢。

能认识到自己有种种不足并能坦然面对的人，可以说是自信的，心态也是健康的。一位著名的心理学家指出：人生并非上帝为人类设计的陷阱，好让他谴责我们的失败。人生也不是一盘棋，如果走错一步那么步步皆错。人生其实就像踢足球，即使最伟大的球星，也会在比赛中失误，我们的目标是努力发挥最佳水平，但不能要求自己脚脚都是妙传，甚至是射门得分。

可见，醉心于追求"完美"的人，其实是不完美的。因为"完美"毕竟是抽象的，只有生活才是具体的。生活中有不少"完美"，并非靠追求就能得到；相反，追求完美，更多的是遗憾。

心灵悄悄话
XIN LING QIAO QIAO HUA >>>

假如我们放弃这些完美的思想，和对完美的追求，我们的内心就会稳健许多，轻松许多，快乐许多，就会重新感受到生活的美好。

烦恼都是自找的

"我是人人皆知的"弗吉尼亚烦恼大王",因为我只学会烦恼这一项不良习惯。

制造了不幸对自己来说已经是一件悲哀的事了,如果制造了不幸的人还不赶快把不幸丢掉,而是保留在心中的话,真可以说是一件不幸之极的事。"

里根·史密斯说过这样一段话,言简意赅,他说:"人生应该有两个目标,第一,是得到自己所想的东西;第二,是充分享受它。只有智者才能做到第二步。"

有一个心理学家做了一个有意思的实验:他要求一群实验者在周末的晚上把未来7天会让自己担忧的事情都写下来,然后投入一个大型的烦恼箱中。第三周的星期日,他在实验者面前打开这个箱子,与成员逐一核对每项烦恼,结果发现其中90%的担忧并没有真正发生。

接着,他又要大家把那些真正发生的10%的烦恼重新丢入纸箱中。等过了三周,再来寻找解决之道。结果到了那一天,他开箱后,发现剩下的10%的烦恼已经不再是那些实验者的烦恼了。因为他们有能力对付。

由此可见,烦恼是自找的,这就是所谓的自找麻烦。据统计,一般人的忧虑有40%属于过去,有50%属于未来,而92%的忧虑从未发生过,而剩下的8%是能够轻易应付的。

每个人都有七情六欲和喜怒哀乐，烦恼也是人之常情，是人人避免不了的。但是，由于每个人对待烦恼的态度不同，所以烦恼对人的影响也不同。通常人们所说的乐天派与多愁善感型就是显然的区别。乐天派的人一般很少自找烦恼，而且善于淡化烦恼，所以活得轻松，活得潇洒；而多愁善感的人喜欢自找烦恼，一旦有了烦恼，便忧愁万千，牵肠挂肚，离不开，扔不掉，活得有些窝囊。

其实，人生的大多数烦恼都是自找的，本来就没有烦恼，或者说原本就不是烦恼。例如，当了几年处长之后就想当局长，结果提了一个资历比自己差很多的人上去了，你肯定不高兴，其实你所处的位置不知有多少人羡慕着，再说局长有局长的烦恼，而且局长的烦恼未必少。还有的人为钱而烦恼，有了一万想两万，有了两万想三万……还是烦恼，可惜你除了想过钱多有钱多的得意，有没有想过钱多有钱多的烦恼，钱少的或许没有钱多的那么神气，但钱少的也没有钱多的那么多担忧，平民小户没有大富人家对盗贼绑架的担心，恐怕也少有为争夺家产使兄弟反目甚至相残的悲哀。

美国心理治疗专家比尔·利特尔经过研究认为，一个人若有以下心理或做法，必定会促使其自寻烦恼、无事生非：

1. 把别人的问题揽到自己身上。如果你把别人的问题揽到自己身上而自怨自艾，把某些人不喜欢你的责任也统统归因于自己，那么要不多久，你就会烦恼成疾。

2. 做不可能实现的梦。最可怜的人是那些惯于抱有不切实际的希望的人。如果一个人把自己的目标制定得高不可攀，他就会因为不能实现目标而烦恼。

3. 盯着消极面。牢牢记住你有多少次受到不公正的待遇，或者记着有多少次别人对你说话的态度不友善，如果你把注意力集中在那些不好的、吃亏的事情上，你就会运用这种消极的思想方法来给自己制造烦恼。

4. 制造隔阂。绝不去赞扬别人，而且对人不使用任何鼓励之辞，

总是喋喋不休地批评、挑刺、埋怨，小题大做。这是制造隔阂、自寻烦恼的妙法。

5. 滚雪球式地扩大事态。当问题第一次出现时就正视它，它就很容易化为乌有。反之，如果让问题像滚雪球一样不断地扩大下去，最后滚雪球的人总是遵照一条简单的规则行事：如果错过了解决问题的时机，索性再往后拖拖。这样，只会使问题变得更糟。

6. 以殉难者自居。母亲们过度地承担家务劳动，然后对自己说："没有一个人真正心疼我，对我们家来说，我不过是个仆人而已。"当父亲的也采取同样的态度："我的骨架都累散了，谁也不把我当回事，大家都在利用我。"经常这样想，必定会使你烦恼异常，而且还能使周围的人感到讨厌。

不论你是高官还是平民，不论你是富豪还是穷人，不论你是社会名流还是无名之辈，恐怕谁也超越不了"有得必有失的"辩证逻辑。即使你不自找烦恼，但还是少不了烦恼，因为人是现实的，不是超脱凡俗的圣人，既然这样，我们就要学会善于淡化烦恼，化解烦恼。

那么，如何才能淡化和化解烦恼呢？你可以试试以下方法：

1. 比较的观点。比如发生了重大的车祸，死伤多人，皆为不幸。未伤者受惊，轻伤者轻痛，重伤者重痛，死亡者惨痛，由前往后比，虽是不幸，但又是大幸；从后往前比，则是不幸中的大幸。

2. 时间的观点。遇到烦恼之事，倘若你主动从时间的角度来考虑一下，心中对此烦恼之事的感受程度可能就会大大减轻。受了上级的当众批评，面子很过不去，心里难以承受，不妨设想一下，三天后、一星期后甚至一个月后，谁还会把这件事当回事，何不提前享用这时间的益处呢？

3. 现实的观点。就是勇于承认现实，坦然面对现实，对任何既成事实的过失以及灾祸，不必为之过多地后悔和烦恼，也不必因此而不休地责备自己或他人，而应把思想和精力放在努力弥补过失，最大可能地减少损失方面，否则过多的后悔、不休的责备，不仅于事无补，而且还

会扩大事端，增加烦恼。

4. 换位的观点。旁观者清，当局者迷，就烦恼之事来说也是如此。置身于烦恼之中的人，往往执着一点，甚至钻"牛角尖"，千丝万缕难找头绪，甚至自己无法控制自己，此时，置于局外旁观者的劝导，往往可以起到指点迷津、淡化烦恼的作用。如果你正处于烦恼之中，你不妨做一下自己的旁观者。

除此之外，还要知足常乐。如果你对自己要求过高，总不知足，当然很难感到愉快并会增添很多烦恼。

心灵悄悄话
XIN LING QIAO QIAO HUA >>>

请记住一句话：烦恼就像天空上的一片乌云，如果你的心中是一片晴空，那么烦恼不会对你有丝毫影响。

欣赏生活

生命本来不是一场比赛，而是一次旅程，需要细细品味路上的点点滴滴。生活中不是缺少乐趣，而是缺少发现。所以我们要学会欣赏的眼光去看待生活。

有一个美国商人坐在墨西哥海边一个小渔村的码头上。看着一个墨西哥渔夫划着一艘小船靠岸。小船上有好几尾大黄鳍鲔鱼，这个美国商人对墨西哥渔夫能抓这么高档的鱼恭维了一番，还问要多少时间才能抓这么多？

墨西哥渔夫说，才一会儿工夫就抓到了。美国人再问，你为什么不待久一点，好多抓一些鱼？

墨西哥渔夫觉得不以为然："这些鱼已经足够我一家人生活所需啦！"

美国人又问："那么你一天剩下那么多时间都在干什么？"

墨西哥渔夫解释："我呀，我每天睡到自然醒，出海抓几条鱼，回来后跟孩子们玩一玩，再睡个午觉，黄昏时晃到村子里喝点小酒，跟哥儿们玩玩吉他，我的日子可过得充实又忙碌呢！"

美国人不以为然，帮他出主意。

他说："我是美国哈佛大学企管硕士，我倒是可以帮你忙！你应该每天多花一些时间去抓鱼，到时候你就有钱去买条大一点的船。自然你就可以抓更多鱼，再买更多的渔船。然后你就可以拥有一个渔船队。到时候你就不必把鱼卖给鱼贩子，而是直接卖给加工厂。

　　然后你可以自己开一家罐头加工厂。如此你就可以控制整个生产、加工处理和行销。然后你可以离开这个小渔村，搬到墨西哥城，再搬到洛杉矶，最后到纽约，在那里经营你不断扩充的企业。"

　　墨西哥渔夫问："这要用多少时间呢？"

　　美国人回答："15 到 20 年。"

　　"然后呢？"

　　美国人大笑着说："然后你就可以在家当皇帝啦！时机一到，你就可以宣布股票上市，把你的公司股份卖给投资大众。到时候你就发啦！你可以几亿几亿地赚！"

　　"然后呢？"

　　美国人说："到那个时候你就可以退休啦！你可以搬到海边的小渔村去住。每天睡到自然醒，出海随便抓几条鱼，跟孩子们玩一玩，再睡个午觉，黄昏时，晃到村子里喝点小酒，跟哥儿们玩玩吉他。"

　　墨西哥渔夫疑惑地说："我现在不就是这样了吗？"

　　"生活"要怎样来欣赏？可以借助前人的智慧与自己的观察。

　　第一是注意大自然中的美。

　　就山来说，远的山适宜秋天看，斑斑斓斓；近的山适宜春天看，百花争媚。高的山适宜有积雪，平的山适宜有明月。一样是山，你能分辨它的美有何不同吗？

　　就自然来说，春天好美的是雪，夏天好美的是云，秋天好美的是明月，冬天好美的是太阳，暑天喜的是风，夜晚喜的是雨，你细辨过这情趣吗？

　　一样是树，村子里上百的树最适合入诗；山上亿万的树最适合入画；院子里两三株树最适合入词，有格局大小意味刚柔的区别吗？为什么呢？

　　树木里面，高高的柳适合配上鸣蝉，低低的花适合配上蝴蝶，曲曲的小径适合配上细竹，浅浅的水滩适合配芦苇，为什么天心与物理的自

然配合，十分顺当而正合我意呢？假如蝴蝶飞到柳树顶，鸣蝉却在矮花上，就不是那么合意了吧？

有人说：春天的花，落时是一瓣一瓣飘零的；秋天的花，是整朵整朵萎谢的，你观察过落花的姿势吗？

水果里面，你想过红得最美的是樱桃吗？匀圆欲破，玲珑得引起你的怜惜之心！

你想过黄得最美的是金橘吗？橙黄的厚厚的皮，黄得你两颊先紧张起来！

你想过翠得最美的是梅子吗？翠碧得直透到梅核，引起涎水直垂！

你想过紫得最美的是葡萄吗？紫得近于黑色，那成熟的滋味好浓好醇！

千百样珍果花卉在你四周竞艳门庭，来一次选美，荔枝的香味与饱满，甜与水汁，一定会艳丽芬芳吧？

你是品头论足一番，还是视若无睹呢？

第二是注意日常起居的美。

睡眠是人生一大享受，但是很多人却睡不着睡不好，睡眠时一定先让"心"睡，然后再让"眼"睡。

当你失眠的晚上，留意究竟是什么不让"心"先睡呢？是一条烦恼毒蛇盘踞在心里做窝了！怎样引蛇出洞去？蛇出去后便能睡了！这种佛经里对失眠的观察，也是很美的。

又譬如光阴总是在无声无息地消逝，当你学会了恬静，日子就长起来；当你追逐忙碌，日子就短起来；当你一发愤读书，才觉得往日太荒唐而现在太可珍惜了！一样的日子，美的感受完全不同。

第三是注意友情亲情的美。

每晚寻一两件可笑的事，在晚餐前后，让全家大笑三声，把一天的劳顿烦恼全部赶走，家里就供奉这个"欢喜神"吧，多美！

把巴结权贵的心意与时间，拿来与妻子儿女同乐；把供奉鬼神仙佛的敬意与财物，拿来与朋友或父母同乐；在你伸手可及的地方，就建成

一块富贵安乐的净土，那多美！

家庭是论情的地方，不是论理的所在，一论理就有是非，就伤感情。只谈情，一切包容，才会和悦，才会趣味横生，才美！

心灵悄悄话
XIN LING QIAO QIAO HUA >>>

人生路上要一路挥洒鲜花，活在当下的快乐里，活在沿途的美丽中，活在平凡的幸福里，生活中多欣赏和愉悦的地方。

不要感情用事

人非草木，孰能无情？喜怒哀乐，乃人之常情。遇顺心之事，心中暗喜，面露笑容；遇烦恼之事，愁眉苦脸，闷闷不乐；遇伤心之事，鼻子发酸，乃至失声痛哭；遇激愤之事，怒火冲天，怒容满面。

但是，人的感情是具有社会属性的情绪或情感，它受理智的控制和调节，感情的表现必须符合特定历史时期的社会规范或风俗习惯。如果任凭感情自然发展和显露，不系之以理智的大绳，干出违背社会规范或风俗习惯的事来，那就是冲动之下的感情用事了。

莎士比亚早期的作品《罗密欧与朱丽叶》的故事中，被人们认同是西方爱情的经典。罗密欧与朱丽叶，这两个为爱情而诞生的可爱人物，在世界的读者或者观众心中留下了难以磨灭的印象。尤其是"爱情骑士"罗密欧的鲁莽性格和那种直率的风范，更让人慨叹不已。

罗密欧的鲜明性格贯穿于他在追求自由爱情的整个过程中。他自爱上朱丽叶之后，焦灼的思念使得他不惜冒着重重的危险，翻墙到世仇的家里去见朱丽叶一面。听到朱丽叶的心声之后，他感动得想以最快的速度建立婚姻关系，结果，在劳伦斯神父和奶妈的帮助下，两人秘密结婚，显示出对爱的真切渴求以及对封建礼教的彻底反叛。

婚后仅几小时，为替好朋友茂丘西奥报仇，罗密欧在格斗中杀死了朱丽叶的表哥提伯尔特。因此，罗密欧被判放逐。他在离开故乡之前，觉得自己的行为伤害了朱丽叶，玷污了新欢，竟想拔剑自杀。

当听到朱丽叶已死的消息时，"不顾死活"的罗密欧被情敌帕里斯

激怒，他的利剑再一次举起，在朱丽叶的坟墓外杀死了帕里斯，然后服毒自尽。

不难看出，罗密欧勇敢中的莽撞成分，意气用事，不计后果，每每在关键时刻缺乏成熟的思考。这些骑士时代的普遍特点在罗密欧身上都有体现。

劳伦斯神父就曾指出，罗密欧是一个鲁莽的男人。如果不是鲁莽，就不会有因杀人而被放逐的结果。但正因罗密欧的鲁莽和被放逐，才使得罗密欧没去细查朱丽叶死亡的真相，最终双双殉情，把悲剧推向了高潮。

至于《水浒》中的李逵、《三国》中的张飞，更是家喻户晓的鲁莽形象。在文学作品中，这类人物虽然总是容易闯祸，但是其形象还是很可爱的。然而，在生活中，鲁莽和草率行事的危害是非常大的。因此一定要努力放弃鲁莽的做法。

一位著名的学者指出，我们没有办法可以知道每件事，但是有办法可以在我们决定前多知道一些，也有办法可以给我们多点时间思考。

在做出最佳决定前，我们必须先分辨，这是个主要决定，还是次要决定。主要决定值得我们花全部或大量的注意力和精力；而次要的决定则不必要。经常做出正确决定的人，会忽略那些明显的小缺点，因为它们对他们的生活没太大的影响。但是，一旦他们相信小的疏漏会产生大的影响时，他们就会快速做出反应，立即采取相应的措施。

对长期的问题提出短期的解决之道，通常是不佳的决定。做出不佳决定的人，可能没有意识到长期目标，或者只因为短期目标看起来比较容易做到，就选择了它。有许多短期的目标是在害怕失败的压力之下决定的。试着花点时间来作决定，问问自己："我会因等待而失去什么？我可能赢得什么？"虽然并不能总是确定决定是对的，但是花点时间来思考，其正确合理的可能性通常要大。

人们通常会倾向于赞赏尽快作出决定。因为他们不能够容忍迟疑不

决，特别是年轻人。由于社会的期待与影响，许多年轻人还不清楚自己到底想要什么的时候，就不得不做决定、做选择、做计划，并且去努力实现它们。于是，有些人就在他们还犹豫不定时就做了选择。尽管这样做有时是不明智的，甚至是糟糕的，他们也还是会觉得解脱，感觉比较好过，但是他们很快就会发现更不好受。

迟疑不定有时会让人感到困惑。但是通常在一阵困惑之后，有人就有可能放弃旧的想法和偏见，让问题更清晰可见，把目标加以调整，根据另外的思路来作决定。从这个意义上说，犹豫不决可能是一个相当有价值的成长阶段的开始，每个人都应当珍视，并从中获取一些有用的东西，弥补我们的缺陷。

草率做决定只是在逃避自我怀疑，但是这样的做法只能将那些困惑疑虑暂时埋藏起来。在以后的时间里，它们可能会在另外的人面前再次浮现，变成更棘手的难题。因此，假如你不能大体上确定或评估结果如何，就先别妄做决定。

如何避免冲动，克服"感情用事"的毛病呢？不妨尝试运用以下几种方法：

（1）自我暗示法。

人具有对自己的主观世界或心态进行知觉的能力。当人们知觉到自己属于"感情用事"者时，就应当有意识地加以改正。遇到愉快或烦恼之事处于激情状态时，就应该进行自我暗示："我有感情用事的毛病"，"不能再轻举妄动，应当冷静下来仔细分析，理智地对待此事"。通过自我暗示，达到产生"压抑作用"的效果。即把不被社会允许的念头、情绪情感和冲动，在不知不觉中压抑到无意识中去。这是克服"感情用事"毛病的最基本的方法。

（2）反向作用。

即自我为了控制或防御某些不被允许的感情冲动，而有意识地做出相反方向的举动。比如，同事之间闹矛盾，总想发泄自己的不满情绪，或吵架或打斗，但这只能使关系越来越糟。如果相反，暂时强迫自己对

对方好一些，更关心礼让一些，对方就会改变态度。待双方冷静后，两人再沟通，不满情绪就消失了，就不至于闹到誓不两立、不可开交的地步。

（3）进行理智的思考。

有一句流传颇广的话说"最可怕的敌人是自己"，这句话的变体还有"最难以战胜的是自己"等等。在西方有这样一句名言："所谓理智，只不过是思考的结果。"

很多的时候，我们的第一个念头只不过是来自大脑"尚未思考"或者"尚未思考清楚"的冲动而已。而这样的时候，如果我们听从了这个念头，很可能结果就是所谓的"被自己打败了"。而如若我们居然可以坚持启动思考，或者坚持思考下去，最终得到的可能就是深思熟虑的成熟结果，这样的时候，我们就战胜了自己。

心灵悄悄话
XIN LING QIAO QIAO HUA >>>

许多人一生真的都是在"跟着感觉走"，最终吃了大亏却毫无察觉。而一旦开始习惯这种方法，渐渐地就不必再在纸上罗列，而是"凭直觉"就知道自己应该"再想想"。于是，就避免了冲动。

要培养一种成熟稳重的心态

你必须培养积极心态，以使你的生命按照你的意思提供报酬，没有了积极心态就无缘成就什么大事。

一个人如果没有一个成熟稳重的心态，即使他有着骄人的才能，也不会与社会有很好的融合，相反，一个心态平和稳重的人更能被社会所认同。

保持稳重成熟的心态，才能够得到别人的信任，才能够在成功的道路上走得更远。

如果没有成熟稳重的心态，在面对一些事情的时候，就不能够平和地去面对。

有一次，美孚石油公司要招聘一批基层管理人员。招聘采取先笔试，后由总裁亲自面试的方法，计划招聘10人，报考的却有上千人，竞争很激烈。在笔试与面试之后，公司选出了10位佼佼者。

公司总裁看过名单后，却发现有一位在面试时给他留下深刻印象的年轻人的名字没有在名单里面。

于是，总裁马上叫人复查考试情况。结果发现这位年轻人的综合成绩其实名列第二，但是由于工作人员统计失误，分数和名次排错了，结果这位年轻人落选了。总裁立即要求给他补发录取通知书。

然而，第二天，有人告诉总裁一个惊人的消息：这位年轻人因为没有被录取而跳楼自杀了。录取通知书送到时，他已经死了。听到这一消息，总裁沉默了好久。他的一位助手在旁自言自语道："多可惜，这样

一位有才华的年轻人，我们没有录取他。"

"不！"总裁叹口气说．"幸亏我们公司没有录用他，这样的人是干不成大事的。"

没有成熟稳重心态的人，最终会被生活所抛弃；而心态平和稳重的人，不会在任何困难面前说放弃。

很久以前，一位日本青年进了一家大公司，做了一个小职员，在平常的工作中他发现公司存在着许多问题，便不断给上层管理者写信，并提出自己的建议。然而，他的信如石沉大海，没有一点儿回音。可他并没有放弃，只要发现问题，他照样写信，照样提出自己的建议……十年后的一天，他终于得到了回报，他被派到一个分公司任经理，他工作非常出色，后来他当了这家大公司的总经理，而这家大公司就是世界著名的佳能公司。

能力再强、际遇再佳的人也不可能一辈子一帆风顺的，如果你是为人作嫁衣，便总会有坐冷板凳、不受到重用的可能。

心灵悄悄话
XIN LING QIAO QIAO HUA >>>

如果面临困难的时候，用一种成熟稳重的心态来对待，那你就会离成功越来越近。

保持谦逊，赢得别人尊敬

谦逊即是宁静，它使我们不致受往日失败的拖累，也不至于使我们因今日的成功而嚣张。

做人到底应当怎样做，才算是到位呢？这并不是一个好回答的问题。不过有一点可以确定的是，做人要保持谦逊，不能自作聪明，不要以为自己比别人总多一点智慧。巴甫洛夫说："绝不要骄傲。因为一骄傲，你们就会在应该同意的场合固执起来；因为一骄傲，你们就会拒绝别人的忠告和友谊的帮助；因为一骄傲，你们就会丧失客观方面的准绳。"

谦逊的目的，并不使我们觉得自己的渺小，而是为了更好地了解自己。在我们身边，那些成功的人都是谦逊的人，他们能给自己一个准确的定位。

托马斯·杰斐逊是美国第3任总统。1785年他曾担任美国驻法大使。一天他去法国外长的公寓拜访。

"您代替了富兰克林先生？"法国外长问。

"是接替他，没有人能够代替得了富兰克林先生。"杰斐逊谦逊地回答说。

杰斐逊的谦逊给法国外长留下了深刻印象。

在第一次世界大战中，丘吉尔因为有卓越功勋，战后在他退位时，英国国会打算通过提案塑造一尊他的铜像放在公园里供游人景仰。

一般人享此殊荣，高兴还来不及，丘吉尔却一口拒绝了。他说：

"多谢大家的好意，我怕鸟儿在我的铜像上拉粪，那是多么得有煞风景啊。所以我看还是算了吧！"

19世纪60年代，法朗士等一批法国文学青年，决定创办一个文学刊物，他们写信给大文豪维克多·雨果，请求他写一封回信作为该刊的序言。雨果几天后回了信，青年们打开一看，里面写着："年轻人：我是过去，你们是未来。我是一片树叶，你们是森林。我是一支蜡烛，你们是万道霞光。我只是一头牛，你们是朝拜耶稣的三博士。我只是一道小溪，你们是汪洋大海……"看了回信，他们简直不敢相信这是雨果写的。后经雨果女友朱丽叶特证实确是出自雨果之手，然而，他们担心此信会影响雨果的名誉没敢发表。

其实，这封信恰恰是雨果谦虚品质的生动体现，它不仅无损诗人的名誉，却从另一侧面反映了作家伟大和高尚的品质。

正如高尔基所说："智慧是宝石，如果用谦逊镶边，就会更灿烂夺目。"杰斐逊、丘吉尔、雨果堪称谦逊的典范。谦逊并非自我否定，它是自我肯定，信任我们为人的正直与尊严。谦逊即是宁静，使我们不致受往日失败的拖累，也不致因今日的成功而嚣张。

心灵悄悄话
XIN LING QIAO QIAO HUA >>>

谦逊具有平衡作用，不让我们超于自己，也不让我们劣于自己；也不是让我们高人一等或屈居人下。

平平淡淡是生活的佳境

平淡的生活就像是一杯茶，只有经过浸泡、品尝，你才能体味到它的芳香，如果你有时感到它很乏味，那不是茶不香，是因为你的品茶功夫还不到位。

可以肯定地说，只有那些想达到自己不可告人的目的的人，才愿意看到生活的波澜四起、起伏跌宕，多数人渴望生活的宁静，即平平淡淡。

生活中追求平淡，并不意味着无所作为，而是凡事顺其自然。人生的得失只在弹指一挥间，一切外界的繁华背后都是说不出的寂寞，一切外界的丰富身边无不隐藏着精神的枯竭。人与人之间的恩怨可以一笑而化解，得志时不骄奢，失意时不气馁。我们的手里有明媚的春光，脚下有金色的沙滩，头上有蔚蓝的天空，心中有壮阔的海洋，让我们远离喧嚣，靠近自然，以一颗平常心闲看云舒云卷，花开花落。

人生一世，即便能够轰轰烈烈，也不会持久，平淡才是最后的归宿。没有大风大浪的人生，就应该安于平淡的生活，在平淡的生活中快乐充实就是精彩的人生。平淡就是把生活中的名利参透看淡，不让那些不切实际的欲望左右自己，这样的平淡绝不是平庸而是一种平和的心态，所有的一切都在平淡之中变得真切。我们的生活不是戏剧，不需要那么多曲折的情节，不需要那么多耀眼的灯光，不需要那么多美言佳句。我们的生活是一泓清溪，虽有微澜，但更多的是安详宁静，在无声无息中不断地更新，不断地醇厚。

平平淡淡才是真，这就是我们的生活。正如罗素所说："人生当如

河流，初期狭窄，与两岸挟持间奔腾而下，继而河岸渐宽，河水渐缓，最终悄然流入大海。"一个人最大的乐趣来自平淡的家庭生活，真正的人间温情来自平淡的人生。

有一对平凡的老夫妻，每天清晨都会牵着手到公园散步，老人的恩爱总是让一旁的年轻人羡慕不已，人们都认为两位老人一定是共同经历过轰轰烈烈的大事，所以才能相濡以沫地走到今天，但是老人告诉大家：他们的一生都在平淡之中度过，老大爷年轻时是个军人，妻子没有因为他的升迁而兴奋轻狂，因为她明白这是丈夫努力的结果。结束26年的军旅生涯，夫妻二人回到故乡在事业单位做了普通的职员。在人生的转折点上，夫妻二人没有一句怨言，淡然平和地走上了新的工作岗位。

老太太还说，自己能够安于平淡的生活得益于童年受到的教育。童年的时候，她的父亲非常慈爱，从来不会对她瞪眼睛，还常常给她讲故事。母亲对她更是疼爱有加，与父亲也十分恩爱，对爷爷奶奶更是非常孝敬。父母都勤劳善良、热情诚恳，家庭和睦、欢乐温馨，这美好幸福的童年、良好的家庭氛围也影响了她的婚姻，她像所有母亲一样爱着自己的孩子，像所有爱丈夫的妻子一样爱着自己的爱人，对公婆也十分孝敬尊重。一代代人就这样在平淡的生活中承载着美德，这种平淡的生活其实就是芸芸众生所追求的。

老太太感慨地说："平平淡淡才是真。几十年的婚姻生活使我学会了看淡生活中的一切，学会了知足常乐。精神上的知足需要自己去调节，物质上的知足是家庭幸福的前提。金钱买不到快乐、青春、健康与经验，而这些才是人生最宝贵的，我从不苛求爱人物质上的丰厚、官位上的腾达，只要努力了就是我心中的好男人。对儿子也一样，只要付出了，取得什么样的成绩我都接受。我一直追求平淡的生活，让自己的心归于宁静，我喜欢平淡的生活。"

平平淡淡才是真，每个人都会在经历了激情、幻想、浪漫之后，认真地思考感受"平平淡淡才是真"这一生活哲理。时间容易让人淡忘，在大家都忙于工作、忙于家庭时，当年的热情早已消失殆尽，昔日的友情依然纯洁，当年的面孔依然亮丽，只是这些青春的影子都已经留在了心底，美好的回忆都留在了心间。相聚时的感动与激动是短暂的，过后依然是平淡的生活。

以平淡的态度对待生活中的繁华与诱惑，让自己的灵魂安然入梦。安于平淡的人，不仅自己过得轻松，也会让人觉得犹如湖泊般宁静。我们只需尽力而为，便已经是做了我们应该做的。平平淡淡，会有一片豁达的天空。人生一世，无论孤独，无论喧闹，都如小河流水般自然，从来的地方来，到去的地方去。明白了平平淡淡、从从容容的道理就会减少许多自寻的烦恼，就会活得潇洒快乐，就能在平淡中充实自己的人生。

人生在世，应该把平淡作为目标，以平淡对待名利，平淡地工作与生活，用平淡的心态谱写人生的乐章。幸福的生活就像白开水，只有懂得生活的人才能品味出其中的甘甜。过多的浪漫与激情，往往让人感到疲惫，要知道，"平平淡淡才是真，安安乐乐才是福。"

心灵悄悄话
XIN LING QIAO QIAO HUA >>>

无论我们是什么样的人，都要在生活中找到自己的准确定位。珍视生命，爱惜生命，热爱生命。无论艳阳高照，还是狂风骤雨，都让我们在从容淡定中坦然面对，过好生命中的每一天！

把自己当成普通人

我们的有些荣誉是人们对于我们有益工作的奖赏，尽管这是我们应该做的，然而领导也好，同事也好，对我们的工作却给予了绝对的肯定，对此，任何承受荣誉者都没有理由由此把自己看成是不同于一般的人。

伟大的西班牙画家毕加索死的时候是91岁。在90岁高龄时，他拿起颜色和画笔开始画一幅新的画时，对世界上的事物好像还是第一次看到一样。年轻人总是在探索解决新问题的方法。他们热心于试验，欢迎新鲜事物。他们不安于现状，朝气蓬勃，从不满足。

老年人总是怕变化，他们知道自己什么最拿手，宁愿把过去的成功之道如法炮制，也不冒失败的风险。毕加索90岁时，仍然像年轻人一样生活着。不安于现状，寻找新的思路和用新的表现手法来运用他的艺术材料。

大多数画家在创造了一种适合于自己的绘画风格后，就不再改变了，特别是当他们的作品受到人们的欣赏时，更是这样。

随着艺术家的年岁增长，他们的绘画虽然也在变，可是变化不会很大了。而毕加索却像一位终生没有找到他的特殊艺术风格的画家，千方百计寻找完美的手法来表达他那不平静的心灵。

毕加索作画，不仅仅用眼睛，而且用思想。毕加索的画，有些色彩丰富、柔和、非常美丽，有些用黑色勾画出鲜明的轮廓，显得难看、凶

狠、古怪，但是这些画启发我们的想象力，使我们对世界的看法更深刻。面对这些画，我们不禁要问，毕加索看到了什么，使他画出这样的画来？我们开始观察在这些画的背后究竟隐藏着什么。

毕加索一生创作了成千上万种风格不同的画，有时他画事物的本来面貌，有时他似乎把所画的事物掰成一块块的，并把碎片向你脸上扔来。他要求着一种权力，不仅把眼睛所能看到的东西表现出来，而且把我们的思想所感受到的也表现出来。他一生始终抱着对世界十分好奇的心情，就像年轻时一样。

假如你喜欢欣赏画，不妨找些毕加索的画册，看看从他的画中你能得到什么启示。

果戈理写作以勤奋著称。他坚持每天练习写作，他说："一个作家，应该像画家一样，经常随身带着笔和纸张。一位画家如果虚度了一天，没有画成一张画稿，那是很不好的。一个作家，如果虚度了一天，没有记下一条思想也不好……必须每天写作。如果一天没有写，怎么办呢？没关系，拿起笔来，写上'今天不知为什么我没写'，把这句话一遍一遍地写下去，等你写得厌烦了，你就要写作了。"

正是有了这种一天也不肯虚度，不断进取的精神，果戈理才完成了一部部传世之作，成了世界上伟大的文学家。

1673 年 2 月的一天，法国著名喜剧作家莫里哀患着严重的肺病，又受了风寒，身体十分虚弱。但他还是不顾亲人和朋友的劝阻，以顽强的毅力克服身体上的巨大痛苦，毅然参加了自己的新作《无病呻吟》的演出，并出演男主角。莫里哀全神贯注地投入了角色的塑造，由于咳嗽，震破了喉管，他的生命结束在了舞台上。

英国化学家、物理学家道尔顿从十七八岁开始科研生涯，从此终生不离开试验室。他对气象、物理和化学三门学科都做出了很大贡献。在 1844 年他在试验室去世前的几个小时，还像往常一样记录下了当天的气象数据。

在一次专为爱因斯坦举办的宴会上，有人向他说了一大堆赞美的话，他说："如果我相信你们说的好话都是真的，那我就是一个疯子。正因为我不是疯子，所以才不相信。"

1925 年，以色列提请爱因斯坦做总统候选人，他对前来的大使说："关于自然我了解一点，关于人，我几乎一点也不了解。我这样的人，怎么能担任总统呢？"大使说："每个以色列公民，全世界每个犹太人都在期待您呢！"爱因斯坦说："那我怎么办呢？我要使他们失望的。"事后，他干脆在报上发表声明，正式谢绝。

爱因斯坦在科学上的贡献是举世无双的。1905 年的三篇论文，每一篇都应得到一份诺贝尔奖奖金，更不用说广义相对论。而且这些成果都毫无争议是他独立完成的。可是爱因斯坦却说："狭义相对论的起源要归功于麦克斯韦电磁方程……"

爱因斯坦取得成绩越大，受到称誉越多，越感到无知，他把自己所学的知识比作一个圆，圆越大，它与外界空白的接触面也就越大。科学无止境，奋斗无止境，人类社会就是在不满足已有的成功中不断进步的。

爱因斯坦说："如果有谁自己标榜为真理和知识的裁判官，他就会被神的笑声所覆灭。"即使你已经取得了很大的成功，也决不能自满，千万不要生活在过去的荣耀之中。

爱因斯坦接受了普林斯顿大学的聘书后，第一天被带去看自己的办公室时，行政助理问他需要什么设备。

他回答："一张桌子、一把椅子、纸和粉笔。哦！对了，还要一个大的纸篓，越大越好，因为这样我才能把我所有的错误丢进去。"

上面列举的成功者，都是生命不息、奋斗不止的进取者。

如果他们浅尝辄止，或满足于已经取得的成绩，那么莫里哀即使写出一两部成功的作品，也不会给世人留下这么深刻的印象；道尔顿即使在某些学科有所建树，也不会在气象、物理和化学三门学科都做出这么

大贡献；列文·胡克即使发明显微镜，也发现不了使他永垂青史的生物细胞。

可见，在不断奋斗和进取中才能实现人生的真正的价值。

心灵悄悄话
XIN LING QIAO QIAO HUA >>>

绝不生活在过去的荣耀之中，也许会给人以"不会享受生活"的印象，但却能够不断进取，迈向更好的山峰，取得更大的成就。

理性地认识自己

自卑、忧虑不足取，但高傲、自大更是缺乏理性，文明社会更愿意接受具有平常心性的人。

人性之于成就，善者谦虚谨行，永远看到自己的不足之处，这就为将来的"更上一层楼"打下了夯实的基础。对于这些人来说，他们往往都有一种积极的心态，这种积极的心态就是归零心态。

什么是归零心态呢？就是无论你现在是底层员工，还是公司老板，永远把自己放在一个很低的位置上，一切从零开始，永不满足自己的现状，从头再来。

查尔斯是美国西部的一所著名商学院的学生，而且是学院里高等生。不过，在工作实践中，他的表现却不怎么样，首先，他的工作让他十分郁闷。他觉得，他所从事的工作和当初的想象差别太大了，这不是他希望的工作，他要寻求改变。

于是，他找到所在单位经理反映说："经理，我感到这份工作和我当初的想法有些差距，这不是我希望的工作，我要辞职。"周一的早晨，查尔斯把自己的辞职信放在了总经理的办公桌上，一脸的沉重。

"哦？你当初怎么想的，现在又是在做些什么呢？"总经理说。

"我觉得我的能力可以承担更大的责任，而不仅仅是这些琐碎的日常工作。"查尔斯说。

"嗯，不错，小伙子。很有志向，但你应该正视你的不足，我来告诉你，昨天你给我的市场研究报告，总共有十二处错误，很多错误都是

致命的。你知道这些错误是什么吗？"总经理问查尔斯。

"怎么可能？那可是我费了很大力气完成的！"查尔斯说。

"查尔斯，你现在的错误，可以由我来给你修改，如果我有错误的话，就会直接给公司带来损失。你知道咱俩换换职位会有什么结果吗？一个人手中的小事情都做不好，怎能去承担更大的责任？查尔斯，我明白你的想法。你在大学校园里是个令人羡慕的高才生，风光无限，但到了公司，你就是一个新兵，是一个普普通通的员工，你的能力还要经过实践的检验。到了一个新的环境，你就需要有新的心态。初入职场，你必须忘掉校园里的表现，无论是优秀的，还是糟糕的。把你的心态归零，是你顺利工作的第一步。你的辞职信暂时放在我这里，如果你在明天上午之前，还是坚持你的想法的话，我可以答应你的要求。"总经理说。

看到经理改过的自己做的市场研究报告后，他说："经理，对不起。我想我应该收回我的辞职信。"查尔斯说。

很多的研究生、博士生，像查尔斯一样"出身名门"，在大学里也是有口皆碑的好学生，但是到企业里面却吃不开，甚至找不到工作，因为这些人毕业后没有把自己的姿态放低，没有将自己调整"归零"，不能接受从底层认认真真做事情的发展方式，总是以为自己就应该获得重用，可事实上他们还差得很远。

如果你也遇到了这样的问题，请不要忙着抱怨你的老板对你的才能视而不见，而要把自己的心态归零，从小事做起，总会有一天，你的老板会说你既有才华又值得信赖，并委以重任。

很多老员工，他们在公司拼搏了很多年，帮助企业取得了发展，有的人还是企业的"开国元勋"。但是企业发展好了，这些人反倒满足于现状，抱着"吃老本"的心态混在公司，稍有不如意，就摆出老资格的姿态发脾气，增加了企业管理上的难度，变相增加了管理成本。结果企业不是越做越好，反而越做越差。还有一些精英，有着多年的行业经

验、出众的个人能力、卓越的业绩以及良好的业界口碑，被企业挖去做经理人。但是他们之中很多人不适应新环境，"临场"发挥失常，最后抱憾离去，这不过是因为他们过于看重"过去"，把"过去"变成了包袱。这些人没有很好地认识自己，所以他们只能取得暂时的成功，却无法将小的成功变成大的成就，不能让自己从优秀走向卓越。

如何做到理智的心态呢？很简单，把每一天都当作崭新的开始，把自己的姿态放到最低，坚持不懈地改善。永远不要去想你已经有多好，而是要将眼光紧盯你下一阶段的更大的目标。永远不要去想别人有哪些缺点，而应去想自己还有哪些不足。

商业环境日新月异，当别人都在拼命进步的时候，你还在"原地踏步"的话，等于把机遇拱手让给了别人。如何让成功从一句空话变成现实？平和心态，才能不断创下新高。

将不公正的待遇当作对你的恭维如果你被别人踢了，或者是被别人恶意批评了，请记住，他们之所以这样做，是因为他们从中可以获得一种自以为重要的感觉；而这通常也意味着你已经有所成就，并且值得别人的注意或嫉妒。因此，这种批评对你来说没什么不好。

1929年，美国发生了一件震惊教育界的大事，美国各地的学者都赶往芝加哥参加盛会。几年前，一个名叫罗伯特·霍金斯的年轻人，半工半读从耶鲁大学毕业，他当过服务生、伐木工人、家庭教师和成衣推销员。现在，仅仅8年之后，他就被任命为美国第四大名校——芝加哥大学的校长。他多大了？30岁！难以置信！老一辈教育人士都大加反对，批评就像山崩石落一样打在这位"神童"头上，说他这样或那样：太年轻了，经验不足。甚至说他的教育观念荒谬，连各大报纸也参与了对他的攻击。

在就任的那一天，有一个朋友对霍金斯的父亲说："我今天早上看见报纸社论攻击你的儿子，真把我吓坏了。"

"不错，"老霍金斯回答说，"攻击得很厉害。可是请记住，从来没

有人会踢一只死狗。"

是的，一只狗越狂暴，踢它的人就越可以获得满足感。后来成为英王爱德华八世的威尔士王子，他也有过这种遭遇。

王子曾就读于德文郡的达特芧斯学院——这个学院相当于美国安那波利斯的海军学院，那时王子只有14岁。一天，一位海军军官发现他在哭，就问他出了什么事。他开始不肯说，但最后终于说了真话：他被一位海军幼校生踢了一脚。指挥官把所有的学生都召集起来，向他们解释王子并没有告状，但是他想弄清楚为什么有人如此粗暴地对待王子。

大家相互推诿了半天，踢人者终于承认说：如果他们自己将来成了皇家海军的指挥官或舰长，他们希望能够告诉别人，他们曾踢过国王。

所以，如果你被别人踢了，或者遭到了批评，请记住，因为这样做可以给踢人者一种自重感，这通常意味着你拥有让别人关注或敬重的地方，并且值得注意。有许多人会从批评比他们学历高或更成功的人中获得某种满足感。

你是否想过哪一个美国人曾经被骂为"伪君子""大骗子""只比谋杀犯好一点"呢？但的确有家报纸的漫画画着他站在断头台上，一把大刀正准备砍下他的头；在他骑马从街上走过的时候，一大群人围住他又叫又骂。他是谁呢？乔治·华盛顿。

心灵悄悄话
XIN LING QIAO QIAO HUA >>>

理智的心态，才更利于自己更好地前进，取得更大的成功。特别是心态的每次归零都将是一个自我完善的过程，一个自我提高的机会。

第三篇 >>>

积极地面对生活

　　态度决定成败，是否有一个积极的心态非常重要，无论顺境与逆境，成功与失败，无论忧愁与快乐，都有一颗热情的心，都有一个不服输的精神。一个面对阳光的人，是看不到阴暗面的。生命的价值有多高，是一文不值，还是平平淡淡，还是惊天动地，主要取决你对生活的心态。什么样的心态，就有什么样的生活。

　　生活就应该充满笑容。无论面对多少困难，只要你逃避不掉，那就应该勇敢地接受生活的挑战。这是正路。要坚信，未来是美好的，前途是光明的。

客观面对现实

我们所面临的生活境况无论是好还是不好，都已是摆在我们面前的事实了，而且它的发生和存在自有它本身不能左右的原因，而对此最理智的态度就是承认，过好自己的每一天。

在追求某种目标时，即使举步维艰，仍有所指望。事实也证明，当你往好的一面看时，你便有可能获得成功。

一个具有积极心态的人绝不是一个懦夫。他相信自己，他了解自己，遇到困难一点也不畏惧，能永远立于不败之地。他会从所发生的一切事情中掌握对自己最有利的结果。他所坚持的原则是，不断地将弱点转化为力量。或者说，积极心态能使一个懦夫成为英雄，从心志柔弱变成意志坚强，由软弱、消极、优柔寡断的人变成积极的人。

著名心理学家威廉·詹姆斯说过："世界由两类人组成，一类是意志坚强的人，另一类是心志薄弱的人。后者面临困难挫折时总是逃避，畏缩不前。面对批评，他们极易受到伤害，从而灰心丧气，等待他们的也只有痛苦和失败，但意志坚强的人不会这样。他们来自各行各业，有体力劳动者、有商人、有母亲、有父亲、有教师、有老人、也有年轻人，然而内心中都有股与生俱来的坚强特质。所谓坚强的特质，是指在面对一切困难时，仍有内在勇气承担外来的考验。"

在纽约附近有一个小镇，镇上有一位名叫吉姆的男孩，他十分可爱，也是位真正的男子汉，一个真正意志坚强的人。他是个天生顶尖的运动好手。不过在他刚入中学不久腿就瘸了，并迅速恶化为癌症。医生

告诉他必须动手术，他的一条腿便被切掉了。出院后，他拄着拐杖返回学校，高兴地告诉朋友们，说他将会安上一条木头做的腿："到时候，我便可以用图钉将袜子钉在腿上，你们谁都做不到。"

足球赛季一开始，吉姆立刻回去找教练，问他是否可以当球队的管理员。在练球的几星期中，他每天都准时到球场，并带着教练训练攻守的沙盘模型。他的勇气和毅力迅即感染了全体队员。有一天下午他没来参加训练，教练非常着急。后来才知道他又进医院做检查了，并得知吉姆的病情已恶化为肺癌。医生说："吉姆只能活六周了。"

吉姆的父母决定不将此事告诉他。他们希望在吉姆生命最后的时期，能尽量让他正常过日子。所以，吉姆又回到球场上，带着满脸笑容来看其他队员练球，给其他队员加油鼓劲。因为他的鼓励，球队在整个赛季中保持了全胜的纪录。为庆祝胜利，他们决定举行庆功宴，准备送一个全体球员签名的足球给吉姆。但是餐会并不圆满，吉姆因身体太虚弱没能来参加。

几周后，吉姆又回来了。他这次是来看足球赛的。他脸色十分苍白，除此之外，仍是老样子，满脸笑容，和朋友们有说有笑。比赛结束后，他到教练的办公室，整个足球队的队员都在那里。教练还轻声责问他："怎么没有来参加餐会？""教练，你不知道我正在节食吗？"他的笑容掩盖了脸上的苍白。

其中一位队员拿出要送他的胜利足球，说道："吉姆，都是因为你，我们才能获胜。"吉姆含着眼泪，轻声道谢。教练、吉姆和其他队员谈到下个赛季的计划，然后大家互相道别。吉姆走到门口，以坚定冷静的目光回头看着教练说："再见，教练！"

"你意思是说，我们明天见，对不对？"教练问。

吉姆的眼睛亮了起来，坚定的目光化为一种微笑。"别替我担心，我没事！"说完话，他便离开了。两天后，吉姆离开了人世。原来吉姆早就知道他的死期，但他却能坦然接受。这说明他是一个意志坚强、积极思考的人。他将悲惨的事实转化为富有创意的生活体验。或许，有人

会说，他还是死了，积极思想最终也未能帮他多少忙，这并不完全对。至少吉姆知道凭借信仰的力量，在最坏的环境中创造出令人振奋而温暖的感觉。他不像鸵鸟般将头埋进沙堆，逃避事实。他完全接受了命运，但决定不让自己被病痛击倒，他从未被击倒过。虽然他的生命如此短暂，他仍把握它，把勇气、信仰与欢笑永远留在他所认识的人们心中。一个能做到这一点的人，你还能说他的一生失败了吗？

这就是积极心态的力量，这便是意志坚强，这便是拒绝被打败，这也就是尽你一生所有勇敢面对人生的现实。

生活中痛苦连连，快乐甜甜。快乐时无须大喜大乐，因为快乐的长度并不长；痛苦时也无须大悲大痛，因为痛苦的长度也不长。生活的内容很多，我们不可能全部拥有，那些能让我们快乐的事情也同样能使我们痛苦，所以我们不要因为得到而欣喜若狂，也不要因为失去而痛苦不堪。

有一个年轻人与情人约会，来得很早，就在树下转来转去。这时候，一位老禅师来到他身边，拿出一枚纽扣对年轻人说："你将纽扣向右一转，你就能跨越时间，要多远有多远。"

年轻人试着将纽扣一转，情人出现了，正向他递送秋波。他心里想要是现在就进行婚礼，那该多好啊！他又转了一下，眼前出现这样的场景：隆重的婚礼，丰盛的酒席，他和情人并肩而坐，周围管乐齐鸣，悠扬醉人。他抬起头，盯着妻子的双眸，又想现在要是只有我俩该有多好。他又转动了一下纽扣，立刻夜阑人静……

他飞速地转动纽扣，他有了儿子，后来又有了孙子，转眼间已是儿孙满堂。然后儿孙们又四处为官，到处受人追捧。纽扣转到最后，年轻人已是老态龙钟，独卧病榻，几个不孝儿孙把家产挥霍一空，还狠心地把他扔到荒郊野外。又饿又累的老人仰面跌倒，被乌鸦老鼠咬成了一堆破烂。

年轻人看得头皮发麻，直冒冷汗，像泄了气的皮球。正当他万念俱灰的时候，禅师收回了纽扣。于是，年轻人又回到了那棵枝繁叶茂的树下，继续等待着他那可爱的情人。

正如年轻人所看到的那样，在世俗的快乐中绝对找不到永恒的幸福，因为时间使任何东西都变得无常。当你快乐时你要想这些不是永恒的，当你痛苦时也要想这些不是永恒的。只有这样才能做到得意时不忘形、不贪恋，失败后也不灰心、不气馁。世上没有永远的幸福，也没有永远的厄运；没有永远的快乐，也没有永远的痛苦。

心灵悄悄话
XIN LING QIAO QIAO HUA >>>

在快乐中我们要感谢生活，在痛苦中我们也要感谢生活，因为生活原本就是美丽的，生活的艺术就是学会在失去一切的情况下能够做到容纳一切的本领。生活本身既不是祸，也不是福，它是祸福的容器，就看自己把它变成什么。

克服不良的思想

一位心理学家指出，世间大部分的贫穷，都是一种病态，是不良生活、不良环境、不良思想的结果。

我们知道，贫穷是一种反常的状态，因为它是所有的人都不希望的，它与人类的最高幸福和愿望相背驰。"富裕""充足"，天下众生都应有份。所以，假使人们坚决地要求着，并不断地奋斗着去争取这富裕、充足，那么，总有一天你会认识这条简单的道理——人人都能成功！

假使普天下的贫困者，能够从他们颓丧的思想、不良的环境中转身过来，而朝着光明愉快的方面；假使他们能立志要脱离贫困与低微的生存，这种决心，一定可以使社会飞速进步。

许多人总以为自己已尽了最大的努力同贫穷去斗争；实际上，他们还没有尽其一半可能的努力呢！

就事实而论，世间许多的贫穷，都是由懒怠所造成，都是由奢侈、浪费及不愿努力、不肯奋斗所造成。除奢侈、浪费以外，懒怠之足以败人事业比任何东西都更甚；而奢侈、浪费与懒怠，往往是无独有偶、携手同行的。

为了获得理想的人生，一定要培养坚强的品格，树立与贫穷、困境誓不两立、水火不相容的思想。

自恃与自立，是坚强品格之基石。我们常能发现，在那些虽则贫穷、虽则不幸，而仍然努力奋斗的人中间，这种品格非常坚强。但是一个因失掉了勇气，失掉了自信，或因懒得去付"富裕"之代价而至于

贫穷的人，却没有这种坚强的品格。同那些在不断地去取得富裕的努力中锻炼出大量的精神力、道德力的人相比较，这种人是一个弱者。

当你坚定意志，要在世界上显出你的真面目，要一往无前地朝成功、富裕的目标前进，而世界上没有一件东西可以推翻你的这种决心时，你会发现，这种自尊心理同自信心理，是可以给予你无穷力量的。

最足以损害我们的能力，破坏我们的前途的，无过于与目前的不幸环境相妥协，以不幸环境为固然，而不想去挣脱它。

因为自己不能像富裕的人一样地生活，不能享受富裕的人所有的享受——贫穷的人往往灰心丧气，不想奋斗。他们不想通过自己的努力，而尽可能地走出困境，摆脱贫穷。

大部分贫穷者的毛病，是他们没有建立可以脱离贫穷的自信。他们已经同贫穷妥协，以贫穷为他们应有的命运。

到了一个人停止战斗、放下枪械、竖起白旗的时候，除了恢复他已经失去的自信心，和赶去他脑海中的宿命论的观念以外，实在别无办法！

上天决无意叫任何人甘于贫穷，滞留于痛苦不幸的环境中。

聪明的人懂得，得过且过、消极避世总不是真正的人生态度。贫穷本身并不可怕，可怕的是贫穷的思想，是认为自己命定贫穷、必须老死于贫穷的这种信念！

为了人生的成功，一定要克服一切贫穷的思想、疑惧的思想。从你的心扉中，撕下一切不快的、黑暗的图画，挂上光明的、愉快的图画。

心灵悄悄话
XIN LING QIAO QIAO HUA >>>

心中不断地想要得到某一东西，同时孜孜不倦地奋斗着去求得某一东西，最终我们总能如愿以偿。世间有千万个人，就因为明白了这层道理，而挣脱了贫穷的生活！

相信天生我材必有用

要坚信，每个人都有自己的用武之地，拿不到元帅杖，就拿枪，没有枪，就拿铁铲，只要你想做就总有一件事情适合你，或者说是能满足你，哪怕是最低的愿望。

"成功吸引更多成功，而失败带来更多失败。"这句话一语中的，为成功而努力会使你更能有力迈向成功。如果你什么也不干，坐等失败，只会使你遭受更多的失败。

在对待事情的态度上，积极心态的人认为一切都是有可能的，而消极心态的人则怀疑一切，做事犹豫不决，畏首畏尾。

其实，在生活中永远也不要消极地认定什么事情是不可能的，首先你要认为你能，再去尝试、再尝试，最后你就发现你确实能。对于变不可能为可能，我认为这就是一种心态。

年轻的时候，拿破仑·希尔抱着一个当作家的雄心。要达到这个目标，他知道自己必须精于遣词造句，字词将是他的工具。但由于他小时候家里很穷，所接受的教育并不完整，因此，朋友们善意地告诉他，说他的雄心是"不可能"实现的。

年轻的希尔存钱买了一本最好的、最完全的、最漂亮的字典，他所需要的都在这本字典里面，他的意念是完全了解和掌握这些字。而他竟然把字典里"不可能"这个词用小剪刀剪掉，于是他有了一本没有"不可能"的字典。以后他把他整个的事业建立在这个前提下，那就是对一个要成长，而且要成长得超过别人的人来说，没有任何事情是不可

能的。

其实，把"不可能"从字典里剪掉，只是一个表象，关键是要从你的心中把这个观念铲除掉。并且，在你的谈话中排除它，想法中排除它，态度中去掉它、抛弃它，不再为它提供理由，不再为它寻找借口，把这个字和这个观念永远地抛弃，而用光辉灿烂的"可能"来替代它。

再比如汤姆·邓普西，他就是将不可能变为可能的典型。

汤姆·邓普西生下来的时候，只有半只脚和一只畸形的右手。父母从来不让他因为自己的残疾而感到不安。结果是任何男孩能做的事他也能做，如果童子军团行军5公里，汤姆也同样走完5公里。

后来他要踢橄榄球，他发现，他能把球踢得比任何在一起玩的男孩子远。他要人为他专门设计一只鞋子，参加了踢球测验，并且得到了冲锋队的一份合约。但是教练却尽量婉转地告诉他，说他"不具有做职业橄榄球员的条件"，促请他去试试其他的事业。最后他申请加入新奥尔良圣徒球队，并且请求给他一次机会。教练虽然心存怀疑，但是看到这个男孩这么自信，对他有了好感，因此就收了他。两个星期之后，教练对他的好感更深，因为他在一次友谊赛中踢出55码远的得分。这使他获得了专为圣徒队踢球的工作，而且在那一季中为他的球队踢得了99分。

那是在比赛最紧张的时刻，球场上坐满了6.6万名球迷。球是在28码线上，比赛只剩下了几秒钟，球队把球推进到45码线上，但是可以说根本就没有时间了。当汤姆进场的时候，他知道他的队距离得分线有55码远，是由巴第摩尔雄马队毕特·瑞奇踢出来的。但是，邓普西心里认为他能踢出那么远，而且是完全有可能的，他这么想着，加上教练又在场外为他加油，使他充满了希望。

正好，传球接得很好，邓普西一脚全力踢在球身上，球笔直地前进。6.6万名球迷屏住气观看，接着终端得分线上的裁判举起了双手，

表示得了 3 分，球在球门横杆之上几英寸的地方越过，汤姆一队以 19 比 17 获胜。球迷狂呼乱叫——为踢得最远的一球而兴奋，这是只有半只脚和一只畸形的手的球员踢出来的！

"真是难以相信！"有人大声叫，但是邓普西只是微笑。他之所以创造出这么了不起的成绩，正如他自己说的："他们从来没有告诉我，我有什么不能做的。"

心灵悄悄话
XIN LING QIAO QIAO HUA >>>

永远也不要消极地认定什么事情是不可能的，首先你要认为你能，然后去尝试、再尝试，要知道，世上没有什么是不可能的。

正面思维，就不会误入歧途

当有一大一小两个橘子要分配时，你得到的是那个小的，这时你真心地说出：尽管它小，但它比大的甜，这说明你的心态是端正的。

有一天，我到芝加哥大学访问哈欣校长，当时我正在着手写一本书，准备向他请教如何处理忧虑这个问题。他答道："我一直严守一条原则，席尔斯百货公司总经理罗森华告诉我的，他说：'如果眼下只有一个酸柠檬，就想办法做杯可口的柠檬汁吧！'"

芝加哥大学校长正是如此，可一般人却正好反其道而行之。例如人们发现命运抛给他一个酸柠檬，他会立即抛掉，并说："完了！我真命苦！上天对我如此不公。"于是他看整个世界都不顺眼，并且自暴自弃。如果得到酸柠檬的人很明智，他会说："这次失败教会了我哪些道理？目前的处境该如何改变？怎样才能把这个酸柠檬做成柠檬汁呢？"

"人具有反败为胜的力量。"伟大的心理学家阿尔弗莱德一生都致力于研究人类及其潜能，他曾声称发现了人类特性中这种最神奇的功能。20世纪的佛斯狄克曾说过："真正的快乐未必是愉悦的，它多半是某种胜利的感觉。"没错，快乐源于某种成就感，某种胜利的逾越，类似将酸柠檬榨成柠檬汁的过程。

一位住在佛罗里达州的快乐农民，他将一颗剧毒的柠檬做成了极其可口的柠檬汁。当他刚买下那个农场时，情绪十分沮丧，心情低落。这

贫瘠的土地既不适合种果树，也不适合养猪。只有一些矮灌木与响尾蛇在这块破农场生活。后来他灵感突现，决定扭转败局，将恶果变成利润，他要利用这里的响尾蛇。于是他不顾大家的阻挠与白眼，开始生产响尾蛇肉罐头。几年后我再去拜访他时，他那里平均每年有两万名游客到他的响尾蛇农庄参观。他的生意火极了。我曾亲眼目睹毒液抽出后送往实验室提取血清，高价出售蛇皮生产女式皮鞋与皮包，罐装蛇肉销往世界各地。当地人以这位把毒柠檬做成甜柠檬汁的农民为荣，我买了一些当地的风景卡片并到村中邮局去寄，发现邮戳印的是"佛罗里达州响尾蛇村"。

心理学家证实了这个论断。卡尔博士说："世界上有两种人，一种人认为自己是自己得到的报酬和受到的惩罚的依据；另一种人认为报酬和惩罚是诸如运气、天气和他人等外部因素造成的。通常，前一种人较后一种人更乐观，心理能量也更强，更有可能去积极采取行动来改善恶劣的现状。所以，当问题和困境来临时，你要相信自己能掌握自己的命运，你能克服这些问题和困境并达成目标，你的心理能量就会得到更好的重聚。"

卡尔博士因此把人划分为，内控型人格和外控型人格。如果你认为你生活中某件事情的发生与否更多的是在别人的控制之下，而不是受你自己的控制，那么你就是属于外控型人格。而内控型人格则认为，对这些事情的控制力主要来自于自身。

当然，如果你认为自己的生活更多地受到别人的影响和控制，那么，面对他们的影响和控制，你将会变得更加软弱。

当灾难降临的时候，外控型人格的人很容易将灾难扩大化并产生无助感。无助感会产生一种让人进入麻醉状态的无望感，这就是绝望循环。杰出的未来学家、《典范》的作者朱尔·巴克和宾夕法尼亚大学马汀·西里格曼博士有一项著名的研究，将无助和无望的关系描绘成一个反馈圈，无助产生希望的丧失，无望又会增强无助，它们互相加强，互

相促进，是成就自我的灾难。

要改变这种状况很简单：从现在开始，像内控型人格一样看待这个世界。相信自己，事在人为——只有自己才是自己命运的主宰者！

已故的作家威廉·波利多曾写道："人生中最重要的事并不是恣意挥霍，这任何人都可以做到。真正重要的是如何扭转亏空的局面，从中获利，这需要智慧，而且显示出人的智力优劣。"

在1929年，一个人到山上去砍伐木头，把木材堆上车，然后开车回家。忽然一根木棍滑下来，就在我急转弯时，木条卡在车轴内，我立即被摔到一棵树上，伤到了脊椎骨，于是双腿就此瘫痪。

当时他才24岁，从那以后，再也没站起来过。

24岁年纪轻轻的他，就要在轮椅上度过一辈子！

他说当时极度怨恨，命运竟如此捉弄他。但随着年岁增长，他感觉反抗怨恨对自己毫无帮助，自己反倒变得尖酸刻薄不通人情。"我终于认识到，"他说，"别人和善礼貌地待我，我也应该和善礼貌地回应对方。"

我又问他，这么多年过后，那次事件对他来说还是个不幸吗？他说："不！我现在感谢这件事的发生。"他给我讲述了经过震惊与抱恨的阶段，他开始找到一个不同的生活世界，他开始读书并对文学产生了兴趣。

14年来，他至少读了1400本书，这些书开拓了他的眼界，丰富了他的人生，这比他以前所能想象的生活还要精彩。他也学会了欣赏美妙的音乐，以前听到音乐他就打盹，现在交响乐令他感动。

然而最重大的转变，还是他开始认真思考。"有生以来第一次，"他说，"真正用心观察世界，体会人生价值。我终于悟到从前那些无聊琐事，毫无真正的价值可言。"

由于大量读书，他逐渐对政治产生了兴趣，他开始研究公众问题，坐在轮椅上演讲！他开始认识大家，而人们也开始结识他。他坐在轮椅

上，就任乔治亚州州秘书长一职。这正是艾尔·史密斯的传奇故事。

在艾尔自学成才后的 10 年，他成了纽约州政府的活字典，并连任四届纽约州长——这打破了纽约的州长任职纪录。1928 年，他成为民主党总统候选人。美国的六所著名大学，包括哥伦比亚大学及哈佛大学在内，都曾颁授荣誉学位给这位年少失学的人。

艾尔曾亲口对我说，如果他不是每天刻苦攻读 16 小时把他的缺陷弥补过来，今天他就不可能取得如此成就。

心灵悄悄话
XIN LING QIAO QIAO HUA >>>

如果我有权力，就要把威廉·波利多的名言镌刻悬挂在每一所学校里："人生中最重要的并不是恣意挥霍，任何人都可以做到，真正重要的是如何扭转亏空的局面，从中获利，这需要智慧，而且显示出入的智力优劣。"

端正心态静享生活的宁静

生活有它自身的发展规律，人们因内心的浮躁和诉求而去强行改变它或对它寄予它所完不成的要求，结果带给你的只有失落。

现实中，多数的年轻人认为青春应该是充满激情的，为此，很多年轻人在处世的过程中总是苛求自己尽自己最快的速度完成任务或者达到心中的梦想，最终，让自己陷入痛苦和烦恼之中才发现，很多事情是需要一些耐心的，只有拥有任凭风浪起，稳坐钓鱼台的境界，才能让自己达到既定的目标。

有一位心浮气躁的年轻人到河边去钓鱼，他的旁边坐着一位垂钓的老人。二人相隔而坐，距离很近。然而，令人奇怪的是，老人家不停地有鱼上钩，而自己一整天都没有什么收获。最终，他终于沉不住气说："我们两个人用的鱼饵相同，地方一样，为何你却能钓到，而我却一无所获？"

老人很从容地说："我钓鱼的时候心平气和，忘记了有鱼，所以手不动，眼也不眨，鱼不知道我的存在；而你心里只想着鱼吃你的饵没有，连眼也不停地盯着鱼，见鱼刚上钩就急躁，心情烦乱不安，鱼不让你吓跑才怪。"

这是在告诫年轻人，钓鱼如同做事，愿者上钩，渠到自然成，你急也好、恼也好，都于事无补。要知道，生活中的很多事情就如鱼竿上的鱼一样，对待它也不可太过急躁，否则，不仅钓不到大鱼，而且还会给

你带来一些负面的情绪。

日常工作中，很多人可能都有这样的心境：只要有等着自己去做或者处理的事情，就会马上动手去做，既不认真准备，又不做周密的计划。遇到烦琐的事情恨不得"快刀斩乱麻"，做什么事情都想一下子把问题解决掉，问题一旦解决不了，又极容易产生挫败感，消极沉沦。在这个时候，你也往往听不进去他人的意见与建议，甚至烦躁的心情还会让你对那些提意见的人大发雷霆……感觉自己的神经就像被绷了一根弹簧一样，仿佛永远无法平静下来！

其实，你是完全可以祛除浮躁，平静下来的。你只需要舒缓你自己的情绪，只要心中默默地念道：好，好，慢一点，静下来，不必急。并努力让自己心平气和地坐下来，放松神经，不刻意去思考能扰乱你思绪的问题，让自己的思维随风飘荡，闭上眼睛，让整个人都能感受到一种似有似无，天马行空的感觉之中，或者集中精力听一种声音，比如闹钟的滴答声。等你的精神彻底地松弛下来以后，然后再轻松地想象事情发生的各种场景，将自己置于其中，从而找出最好的处理方法。

对于任何一个人来说，耐心和静心都是可以慢慢地培养的，不要对自己要求过高，也不能过分地苛求他人，理性而积极地认清楚自己，这样才能让自己做出正确的选择与判断。做任何事情的时候，尽量做出计划，同时，也不可让计划过于完备，要预留一些自由度。俗话说："计划赶不上变化"，一个真正周到而有耐心的人，是极为善于在坚持自己的原则之下灵活地变通，这样才能够让自己处于极为平静的状态之下，有条不紊地达成自己的目标，以平和的心态面对生活。

因为我们所面对的万事万物都有其两面性，关键就在于我们怎样去看待。正确地对待方式是：对不利于自己的方面也不要抱怨不公，更不要去迁怒于人，正视现实，尊重真理。

让我们来看下面这个故事：

有一个人因为琐碎的小事和邻居争吵了起来，争得面红耳赤，谁也

不肯让谁。最后，那个人气呼呼地去找牧师，牧师是当地最有智慧、最公道的人。

"牧师，您来帮我评评理吧！我那邻居简直是一堆狗屎！他竟然……"那个人怒气冲冲，一见到牧师就开始了他的抱怨和指责，正要大肆指责邻居的不是，被牧师打断了。

牧师说："对不起，正巧我现在有事，麻烦你先回去，明天再说吧。"

第二天一早，那人又愤愤不平地来了，不过，显然没有昨天那么生气了。

"今天，您一定要帮我评出个是非对错，那个人简直是……"他又开始数落起那人的劣行。

牧师不紧不慢地说："你的怒气还是没有消除，等你心平气和后再说吧！正好我的事情还没有办好。"

一连好几天，那个人都没有来找牧师了。有一天牧师在路上遇到了那个人，他正在农田里忙碌着，他的心情显然平静了很多。

牧师问道："现在，你还需要我来评理吗？"说完，微笑着看着对方。

那个人羞愧地笑了笑，说："我现在已经心平气和了！现在想想也不是什么大不了的事，不值得生气的。"

牧师仍然不疾不徐地说："这就对了，我不急于和你说这件事，就是想给你时间消消气啊，记住，不要在气头上轻易说话或者行动。"

在现实的生活中，我们有很多时候会因为某些小事而生别人的气，并指责别人的不是。其实，仔细想想，这些事根本是不值一提的。如果你因某人某事而生气的时候，不妨告诉自己：等一等再说。等到你真正的心平气和时，你会发现自己的动怒是多么得不值得。

生活中不如意不顺心的事情有很多，单纯地抱怨发怒并不能够解决实际的问题，面对不如意不顺心，与其抱怨发怒，不如学着去释然。

在现实的工作与生活中，有时候，我们是可怜的"受气包"和无奈的"变形金刚"，忍无可忍也须容忍，改变自身以求容身。正如法国思想家卢梭所说的那样"忍耐是痛苦的，可它的果实是甜蜜的"。

同样，杯子里只有半杯水了，一个人看见会说："哎，只有半杯水了。"而另外个人则说："啊，还有半杯水呢！"

其实，万事乃物都有两面性，关键就在于我们怎么去看待。对待生活中的那些不顺遂人心愿的事情，我们也不要去抱怨命运的不公，更不要去迁怒于别的人与物。实际上，所谓的宿命论只不过是懦夫的借口，我们每一个人的命运都是掌握在自己的手中的。

一时的困难，不会成为你一生的障碍。因此，即使面临困境，你也不可以怨天尤人、不可以逃避，坚持一下，风雨过后总会有彩虹。生命，是苦难与幸福的轮回。只要我们在困难中也能坚守自己，再苦也能笑一笑，再委屈的事情，也能用自己博大的胸怀容纳，那么，人生就没有过不去的坎儿。

当我们通过自己的拼搏与努力走出了生活的阴霾，用乐观的心重新打量这个世界的时候，我们就会发现，原来生活不是不美好，而是我们一直在抱怨中扭曲了生活。我们应该试着去做一个淡然的人，学会与人分享，学会在残缺中品味快乐，在逆境中感受幸福。

心灵悄悄话
XIN LING QIAO QIAO HUA >>>

抱怨与发怒不可能让你获得别人的认可与尊重，而你对人生只能以平和的心态面对人生，端正心态，生活才能安然与平静。

用积极的态度面对生活

只有对生活抱有希望的人，才会从生活中汲取奋进的动力，也只有用积极的态度面对生活的人才能享受到生活给他带来的快乐。

伟大的心理学家阿尔弗雷德·安德尔通过深入研究人类行为和人类潜能后说："人类的一个最奇妙特征，就是具有把负变正的能力。"

美国联合保险公司业务部有个叫艾伦的人，他一心想成为公司的王牌推销员。

有一天，他买了一本杂志回来阅读，读到一篇《化不满为灵感》的文章时，令他非常振奋，文中作者教导读者，如何利用积极的态度，实现自己的梦想。艾伦仔细地反复阅读，并在心中默念着，或许有一天可以将这个观念灵活运用在工作中。

那一年的冬天，艾伦在工作上遭遇困难时，正巧让他有了试验这个观念的机会。

在寒风刺骨的冬天里，艾伦正在威斯康星市区里沿街拜访，然而，运气不好的他，全都吃了闭门羹。心情烦闷的艾伦，这天晚上回到家后，用餐时间什么东西也吃不下，烦恼地翻看着手上的报纸。

忽然间，一个突来的念头闪过脑际，他想起了《化不满为灵感》的文章，于是兴冲冲地将剪报找了出来，仔细地重温其中的要诀，接着他告诉自己："明天我一定要试一试！"

第二天，他到公司向其他同事报告昨天的情况。当他报告时，其他与他遭遇相同的同事，个个都表现出垂头丧气的模样，只有艾伦精神饱

满地说明昨日进度。

最后艾伦做了这么一个结语："放心好了，今天我还要再去拜访昨天那些客户，今天的业绩我一定会超越你们！"

不知道是幸运之神听见了他的呼唤，还是文章里的秘诀真的有效，艾伦真的实现了他的诺言。他又来到昨天到过的那个地区，再度拜访了每一位客户，结果，他一共签下了66份新的意外保险单。

积极的态度，让艾伦为自己创造了辉煌的纪录，更让他重新燃起自信心。

这是许多卓越人士所具备的心态，他们常说："采取积极的行动，才能化危机为转机。拥有积极的心态，才能看准机会点。"

生活态度积极的人，内心必定充满活力，即使是突然下起的暴雨，他也认为是上天赐予的甘霖；再大的困难他都不以为然，因为事情再麻烦，他也会笑着说"没关系，小事一件"。

任何问题都会有积极的一面，都包含着创造辉煌的机会。

如果你在工作中遭遇到了问题，不要把它当成是坏事，或者忙不迭地把它推给上司或其他同事去解决。冷静地判断问题可能产生的影响，思考问题发生的原因以及以前是否出现过类似问题，研究导致问题的环境因素，弄清楚这些因素是如何随着时间变化的。对问题做一个前瞻性的预测，看前景会向好的方向发展还是坏的方自发展？然后，开动脑筋思考如何才能把问题转变成一个积极的机会。

一次，新泽西州佩特森市的机械服务公司发生了不锈钢 u 型螺栓短缺的问题，因为它的供应商——位于新泽西州哈肯萨克市的法森奈尔公司不能及时供货。但基思·格里夫斯，法森奈尔公司的一名员工，却认为这是一个振奋人心的好消息，因为这可给了他一个崭露头角的机会。次日凌晨两点，基思·格里夫斯驾车赶往位于宾夕法尼亚州斯克兰顿市的轮轴中心，早上 6：30 的时候，他运回了急需的不锈钢 u 型螺栓。这

一举动令翘首以待的客户喜出望外，接下来又促成了更多的生意。自那以后，机械服务公司一直是法森奈尔公司的忠诚客户。

几年前，位于佛蒙特州伯灵顿市的莱诺食品公司，一家为本·杰瑞斯公司供应干面团制作巧克力甜酥饼的公司，由于业务量急剧下滑，有25％的员工被列入了裁员计划。一群员工自发组织起来，努力寻找扭转危局的办法。最后，他们设计出了一个方案，召集员工志愿到那些临时需要帮忙的本地公司去打工，从中领取相应薪金。

公司同意保留志愿者们的工作资历和福利待遇，并为那些不得不在临时工作岗位上领取较低薪金的人弥补差额。如此一来，没有人需要被解雇了。公司人力资源主管马林·戴利认为，员工们的这一举动"在一个可能发生灾难性后果的时刻，真正起了作用……它将公司所有的成员凝聚成了一个坚强的团队。"

在消极的解决方案中寻找积极的因素。退后一步，或是放长眼光，从而看清局势。权衡各种可供选择的方案，分析其利弊得失，从而确定最佳的行动路径，以及你能执行方案的那一部分内容。

心灵悄悄话
XIN LING QIAO QIAO HUA >>>

用积极的心态面对一切困境，才能寻找度过困境的办法，在困境中发现新的机遇，从而变不利为有利，不被暂时表面的困境所迷惑，从而顺利地度过困境。

第四篇 >>>

做最棒的自己

虽然我们每个人都有平等发展的机会，但是这并不意味着每个人都能成功。因为，上帝给了我们均等的机会的同时，也给了我们同样的坎坷。所以只有那些志向远大、意志坚定、不怕困苦、自强不息的人才能有望成为成功者。永远保持一个进取的心，不让自己把自己打败，也别让别人左右自己，只管做一个最棒的自己！

只有先相信自己，然后别人才会相信你。只有正确认识自己的价值，对自己充满自信，不断发挥自己的潜力，才能将我们生存的意义充分体现出来。

学会喜欢你自己

假如你能始终保持"我是最好的"感觉，你会觉得自己能在为自己的事业而奋斗中有如神助，任何困难都将为你让路。

你觉得自己的身材、容貌怎么样？

浴室的镜子、街头的商店橱窗、公司的隔间镜墙，想想看，上次你瞥见自己时，感觉如何？

你注意到什么"缺点"吗？

当你止步细看镜中自己的身影时，你是否会微笑地说："嘿！你看上去挺不赖的！"还是会立刻把注意力集中在某个不太对劲的地方？

我们为自己的外表耗费了太多的精神，并因此埋伏下这个最耗元气的祸根。有这么一段话说："我们每个人都携带着一面变形镜，只要一抬腿，便会看见自己个子太小或太大了，身材太胖或太瘦了，包括平常逍遥自在、无疮无疤的你也不例外。一旦你能将这面镜子粉碎，自我的完整、生命的喜悦便都成为可能。"

当你有了烦恼，冷静想想，就不难领悟，作为一个人的价值并不在于他看起来有多吸引人。然而，尽管成大事者尽量要把自我的价值和外表两件事情分开，偏偏又会不由自主地把自己和别人做比较，尤其是电影和广告中那些有着完美无瑕的皮肤、诱人的身材及古典的五官的俊男美女。

很多时候我们用来评定自己的价值标准还是初中时代学来的那一套"这个人长得漂亮，人缘很好，那个人傻里傻气，毫无吸引力"之类。

你可能没有忘记当别人取笑你的牙齿矫正器、眼镜、衣服、雀斑、体型或运动上的笨拙迟钝时的滋味，随着年龄的增长，我们可能逐渐摆脱青少年时代那种不够雅观的体态，然而你曾经被形容过的"大板牙"、"四眼鸡""小肥猪"等等字眼，似乎就像烙印一样永远留在心头，挥之不去。

时间一年年地过去，衰老的恐惧让我们又陷入另一个困境。男人开始恐惧日渐后退的额头发线、圆鼓鼓的肚皮。女人最感到受威胁的似乎是皱纹、毛孔、白发。在岁月中不断变化的面貌没有人去尊重，人们都活在不切实际的"非此即彼"的价值标准中。我们要不是看起来很年轻，那就是"老"了；我们要不是瘦得可怜兮兮的，那就是太胖了；我们要不是肌肉结实，一副运动健将的样子，那就是"太没样子"了；我们若不是穿最新流行的服装、剪最时髦的发型，那就是太邋遢落伍了。

这种问题又常常会与昔日的负伤经验结合。如果你的父母早先常贬损或嘲笑你"不够淑女"的走路姿态、穿着、发型等，你可能会在自己衣着比较随便时，觉得提心吊胆；

一个男人，如果小时候被人取笑有点"娘娘腔"，以后他对比较花俏或颜色鲜丽一点的衣服就常常是敬而远之；

如果你被美发师或服装店员开过玩笑，每当你要去理发或买新衣服的时候，心里的怯意就会油然而生。

即使长得漂亮的人也可能对自己的容貌缺乏自信心。

一位心理学家曾有这样的一位病人，他是全世界知名度最高以及最高薪的男模特儿之一。这样一个男人却对别人投向他的目光恐惧万分。值得注意的一件事是，他和女人约会时，常常感到自己很无趣，很紧张，就因为他脸上有个小得难以觉察的疤痕。尽管他接受过那么多赞美的眼光，他还是惶惶不安，认定别人会因为这个疤而给他不好的批评。

就像许多把自我价值建立在外表上的人一样，这个模特儿所受的罪就是被定名为"漂亮家伙的病"这种恐惧症——害怕自己外表上丝毫的缺点会立即使别人对他大失所望。照镜子的时候，他忍不住要盯住自己这个细微的缺点看，而且无论怎么努力也无法挥去恐惧，唯恐自己遭受恶评。

只要我们一直持有先入为主的成见，不能接受自己身体的某些部分，即使我们和世俗标准下所谓美丽的典型再多么接近，我们还是不会对自己感到满意的。

其实，从你周身散发出的种种气息，其重要性远甚于你实际的面貌特征。如果你鄙视自己，无形中也会发出信息告诉别人："别来注意我"，或"我不化妆简直不能看"。这种自我批评会使他人跟着低估你的魅力。

人们常常会身不由己地把注意力的焦点集中在我们最怕暴露的身体"缺陷"上。一个开始谢顶的男人往往会设法留一缕长一点的头发将已秃的头皮尽力掩饰，这种举动无形中透露了他对自己头发掉落的事实甚为心虚，结果反而引来更多人将眼光集中在他的秃头上。

当一个身材丰满的女人穿着黑色紧身衣，嘴里不断抱怨自己餐桌上的东西很难吃，你想她留给别人的印象，除了"太胖"，还能有别的吗？如果我们为自己外表上小小的缺点而自暴自弃，别人即使想替我们剔除障碍，提醒我们真正有吸引力的优点，恐怕也是困难重重的。

其实，我们也可以把这种回馈用来加强对自己的欣赏与肯定。凡是你在生活中特别留心的地方都会增强。如果你表现出自己是个充满活力与吸引力的人，人们就会这样看待你。

不管你到底够不够资格当封面女郎或健美先生，你永远可以持"我是最好的"这样的态度，不必显出任何羞愧、尴尬或压抑的样子，正如罗斯福夫人所说："没有你的同意，谁也不能让你觉得自己差人一等。"如果你能培养出一种珍惜羽翼、自爱自重的态度，你就能将你的魅力传达给别人。

　　成大事者都见过一些身体特别高或特别矮，或者超级胖子这样的人，你可能注意过他们之中有些人的态度是那么从容自得，充满自信，根本没想到把他们和一般社会上的标准做比较。有些人会让自己的鹰鼻变成他们绝佳的本钱，而不是令他羞愧不安的罪魁祸首。或许美丑与否在于观赏者的两眼，但是让别人如何评判你的仪表，关键人物却是你自己。

心灵悄悄话
XIN LING QIAO QIAO HUA >>>

　　你的仪态、眼神、衣着、面部表情与为人的态度，时时反映出自信与自我肯定，别人自然会对你产生信任与好感。

心无旁骛地去做自己的事

一个人对自己认定要做的事，首先要去掉依赖思想，清除心中的一切杂念，心无旁骛地去奋斗，那么，就没有什么东西可以阻挡你的成功。

专心致志，对你的培养能力是一种非常重要的心态。你只要清除心中的一切杂念，清除得干干净净，只有一个创造的日子要计划，那你就可以对准你的目标向前挺进了。

因此，专心致志是一个这样简单的心态。只是必须开头的一种行动。

专心致志有两个不同然而相关的要素。第一个要素类似于运动员聚精会神。除了心态的警觉、清晰和沉着之外，集中注意力还意味着排除外界干扰，平息内心的不安，并且寻找各种方法，全神贯注于你所要解决的问题。它要求你把自己的意念从千百件你必须做的事情当中收回，变万念为一念。把注意力放在你手中正在干的事上。就像一个准备扑食的猫，一个站在自由投篮线上的篮球运动员。注意力集中的人将他所要完成的任务从繁杂的事务中独立出来，然后心平气和地、目标明确地使出浑身解数完成它。

专心致志的要素之二是长时间地控制你的精力和思维点集中于特定的任务上以达到特定的目的。一鼓作气地将待解决的事情做完，这种欲望人人都有。

德劳特与图奇咨询集团管理成员之一的史蒂夫·伯德温认为在纷乱如麻的商业环境中，集中注意力是最为首要的一招。"处在那样的境地

就像小伍埃德·沙利文的表演，可怜的家伙跑前跑后，想方设法让所有的盘子都旋转起来，"伯德温形容道，"我们不得不面对这样的处境。"正当他领导下的小组，协助蒙圣托股份合作公司完成其组织结构的彻底改组工作时——这是德劳特与图奇公司到目前为止所承担过的最为艰巨的任务，伯德温强调了集中注意力的绝对重要性："即使生活内容错综复杂，要完成的任务涉及方方面面，你也必须能够首先瞄准其中一项，全身心投入进去，逐个击破。你必须集中、专注于一件事，用尽可能短的时间完成它，然后将它抛至脑后，着手处理下一个任务。"

　　著名的博物学家拉马克的一生，清楚地说明了在科学上"南思北想"是无所作为的，只有选择好目标。专心致志才能获得成功。

　　拉马克于1744年8月1日生于法国毕加底，他是兄弟姊妹11人中的最小的一个，最受父母宠爱。拉马克的父亲希望他长大后当个牧师，送他到神学院读书，后来由于德法战争爆发，拉马克当了兵，他因病退伍后，爱上了气象学，想自学当个气象学家；他整天仰首望着多变的天空。后来，拉马克在银行里找到了工作，想当个金融家。很快地，拉马克又爱上了音乐，整天拉小提琴，想成为一个音乐家。这时，他的一位哥哥劝他当医生，拉马克学医4年，可是对医学没有多大兴趣。正在这时，24岁的拉马克在植物园散步时遇上了法国著名的思想家、哲学家、文学家卢梭，卢梭很喜欢拉马克，常带他到自己的研究室里去。在那里，这位"南思北想"的青年深深地被科学迷住了。从此，拉马克花了整整11年的时间，系统地研究了植物学，写出了名著《法国植物志》。拉马克35岁，当上了法国植物标本馆的管理员，又花了15年研究植物学。当拉马克50岁的时候，开始研究动物学。此后，他为动物学花费了35年时间。也就是说，拉马克从24岁起，用26年时间研究植物学，35年时间研究动物学，成了一位著名的博物学家。他最早提出了生物进化论。

古往今来，凡是有成就的人，都像拉马克后来一样，很注意把精力用在一个目标上，专心致志，集中突破，这是他们成功的最佳方案。历史上不少人被埋没，除了社会原因之外，没有找到他们为之献身的具体事业目标，东一榔头，西一棒槌，今日点瓜，明日种豆，不能不是一个重要原因。曾经有人问牛顿怎样发现了"万有引力定律"，他回答说："我一直在想着这件事。"成功者们始终将目光集中在他们的目标上，他们常常在向目标奋进的过程中运用想象提醒自己目标所在。

查斯特·非尔德爵士指出："如果你能够将自己的努力始终集中在你的目标和最重要的事情上面，就没有什么东西能够阻止你了。"让自己内在的潜能全部动起来。

其实我们每个人的体内都潜伏着巨大的才能。这种内在潜能常常处于酣睡状态，一旦被激发出来，就能做出惊人的事业来。

我们永远坚信，只要一个人有志向，依靠自身的潜能实现目标并不算是奇迹。

费尔德先生看着他的儿子马歇尔在戴维斯的小店里招待顾客，就向店主戴维斯问道："我的孩子在您的店里学生意，近来有进步吗?"

戴维斯不加思索地答道："我们是多年的老朋友，用不着瞒你，免得你将来难过和后悔;而我又是个爱说老实话的直爽人。你的孩子的确是个稳重、端庄的好孩子，这不用说，一看就知道。但他要是在我这里学生意，恐怕学到老都不会成为一位出色的商人。他不是一块经商的料，生来性格就不适合做生意。你还是把他领回乡下去吧!"

不久以后，马歇尔来到了芝加哥，亲眼看见许多穷孩子因为自己的努力奋斗，都一个个发迹了。这使他的志气突然被唤起，他经常反问自己："别人能做出惊人的事业来，为什么我不能呢?难道我生来就不如人吗?"

马歇尔很快奋发起来了，他决心努力走自己的道路。他原有的潜伏才能一下子被激发出来，成了举世闻名的大商人。

其实，每个人的体内都蕴藏着无穷尽的才能，如果被激发出来，就一定能够获得成功；如果不激发它，这些潜能就会渐渐地消失，以至于没有。正如人类的指甲，在几百万年前像野兽的脚爪一样锋利、坚硬，而随着不断进化，人类不再需要这样的指甲了，于是它逐渐萎缩下去。

储藏在人体内的巨大才能，是需要适当的环境、适当的机会、适当的工作，才能被激发出来的。试想，如果马歇尔依旧留在戴维斯的店里当个伙计的话，那他日后还会成为大商人吗？

心灵悄悄话
XIN LING QIAO QIAO HUA >>>

对于一般的失败者来说，他们失败的原因就是缺乏良好的环境。他们从来不曾走入足以激发人、鼓励人的环境中，他们也没有力量从不良的环境中奋起振作。

比别人更卖力地工作

无论你的想法是什么，你必须为实现它干得比其他人更多，即使你投入时间与精力并不能保证你就会成功，你也要一直干下去，否则结果就更可想而知。

现在一个人10年换6次工作都很常见。但1946年的华尔街完全不像现在这样。那时的人并不跳来跳去，人们常常把自己的一生和某个公司联系在一起。

从布隆伯格被所罗门公司录用的那一刻起，他就认为自己是一个"所罗门"人了，许多大公司贪求与众不同的门第、风格、语音和常春藤联校的教育背景，而所罗门更看重业绩，鼓励实干，容忍异议，对博士生和中学辍学生一视同仁，布隆伯格感到很适应，他觉得那正是适合他的地方。

那时的职员都接受雇主的保护，这是因为，在那时的华尔街，重要的是组织而不是个人。

当时的布隆伯格认为：如果你能进入一个投资银行公司——对不是创始家族的继承人来说，可不是一件容易事，你会把它看成是终生的职业。你会一直干下去，最终成为一名合伙人，然后在年纪很大时死在一次商务会议当中。

布隆伯格说："我永远热爱我的工作并投入大量时间，这有助于我的成功。我真的为那些不喜欢自己工作的人感到惋惜。他们在工作中挣扎，这么不快活，最终业绩很少，这样他们就更憎恶他们的职业。在这

短短的一生中有太多令人愉快的事情去做，平日不喜欢早起就干不过来。"

布隆伯格每天早上到班，除了老板比利·所罗门，比其他人都早。如果比利要借个火儿或是谈体育比赛，因为只有布隆伯格在交易室，所以比利就跟他聊。

布隆伯格 26 岁时成了高级合伙人的好朋友。除了高级主管约翰·古弗兰德，布隆伯格常是最晚下班的。如果约翰需要有人给大客户们打个工作电话，或是听他抱怨那些已经回家的人，只有布隆伯格在他身边。布隆伯格可以不花钱搭他的车回家，他可是公司里的二号人物。

他在研究生院第一年和第二年之间的那个夏天为马萨诸塞州剑桥镇哈佛广场的一个小房地产公司工作，他就是早来晚走的。学生们到城里来就是为了找一个 9 月份可以搬进去的地方。他们总是急三火四的，想尽快回去度假。

布隆伯格早晨 6 点 30 分去上班。到 7 点 30 分或 8 点的时候，所有来剑桥的可能租房的人已经给公司打电话，跟接电话的人订好看房时间了。他当然就是唯一一个来这么早接电话的人，那些给这个公司干活的成年"专职"们（他只是"暑期打工仔"）在 9 点 30 分才开始工作。于是，每天当一个接一个的人进办公室找布隆伯格先生时，他们坐在那里感到很奇怪。

布隆伯格非常赞赏样一句话。他说："你永远不可能完全控制你身在何处。你不能选择开始事业时的优势，你当然更不能选择你的基因智力水平。但是你却能控制自己工作的勤奋程度，我相信某地有某人可以不努力工作就聪明地取得成功并维持下去，但我从未遇见过他（她）。你工作得越多，你做得就越好，就是那么简单。我总是比其他人做得多。"

当然，布隆伯格并没有因为工作影响了自己的生活。他说："我不记得曾因工作太紧或我太专注工作而耽误了晚上或周末的娱乐。我跟所

有女孩子们的约会，我去滑雪、跑步和参加聚会比别人都多。我只是保证12个小时投入工作，12个小时去娱乐——每天如此。你努力得越多，你就拥有越多的生活。"因此要有不服输的斗志。

如果要论成功者与失败者之间最大的区别在哪，那就是成功者都有不服输的心性，这种心性在他人或外在环境因素的刺激下，会焕发屡败屡战，直至成功的斗志，不惧怕任何挫折，活出强者气势。

人只要接受困境的自己，才能释放心灵的能力，一旦我们接受最恶劣的状况，我们就没有什么可以损失了，从此以后所有都是"得"，不再是"失"。所以，坦然面对最坏的状况，能让心灵平安。

《顽童历险记》的作者马克·吐温曾经说过——"19世纪中，最值得一提的人物是拿破仑和海伦·凯勒。当时，海伦·凯勒只是位15岁的少女，现在，她已经是20世纪的传奇人物之一了。

海伦勒虽然是位盲人，但她读过的书，却比视力正常的人还多，而且，还是许多著作问世。她多姿多彩的一生曾被拍成电影，她的耳朵全聋，但她却比正常人更会鉴赏音乐。

有9年的时间，她完全不能说话，后来，她却能巡回全国各州发表演讲，甚至有4年时间她参加喜剧的演出，还到欧洲旅行。

她刚出生时，也是个正常的婴儿，能看、能听、正在呀呀学语时，一场疾病使她变得又盲又聋，那里她才19个月大。

既盲又聋使得她性情大变。稍一不顺心，就乱敲乱打，有时滚在地上乱吼乱叫。

双亲在绝望之余，忍痛把她送到波士顿的盲人学校就读，特别聘请一位老师照顾她。从那时起，在黑暗的世界里出现了一位光明的天使，她就是安妮·苏利文老师，她辞去盲人学校的教职，正式教育海伦·凯勒。当时苏利文老师未满20岁，要担负起教导一位既盲又聋哑的少女，实在是件艰巨的工作。

苏利文出身于穷苦家庭，10岁时，她和弟弟两个人被收容在马萨

诸塞州的救济院。由于房间不足，幼小的姐弟俩只好住进太平间，那是放置尸体的房间。弟弟身体较弱，6个月后就病死了。而苏利文也差一点在14岁失明，然后到盲人学校学习盲文。所幸双眼并未失明，但是，她那几乎失明的视力，在她去世之前也丧失了。

苏利文是如何教导海伦·凯勒的呢？她如何一个月的时间就和生活在黑暗、沉默世界中的海伦·凯勒沟通呢？——关于这件事情，在海伦比凯勒所著的《我的生涯》一书中有深刻的描述："一位既盲又聋的少女，初次领悟到言语的喜悦时——那种令人感动的情景，实非笔墨可以形容。"海伦·凯勒自己写道："在我初次领悟到言语存在的夜晚，我躺在床上兴奋不已，那是我第一次希望赶快天亮。我想再也没有其他人能感受我当时的喜悦了！"

不过，海伦的触觉的确极为敏锐，她只要以手指轻轻地放在对方的唇上，就能知道对方在说什么。把手放在钢琴、小提琴的木质部分，就能鉴赏音乐。她还能以收音机和音箱的振动来辩明声音，还能够利用手指轻轻地碰触对方的喉咙来听歌，但她本身则无法唱得很优美。

如果你和海伦·凯勒握过手，5年后你们再见面握手时，她就能凭着握手来认出你知道你是个美丽的、强壮的、体弱的、滑稽的、爽朗的，或是满腹牢骚的人。

这些特别的能力并不是天生的，而是通过她的顽强精神而学到的。当然，是要比常人付出百倍的辛苦而掌握的。

心灵悄悄话
XIN LING QIAO QIAO HUA >>>

许多人不到穷途末路的境地就不会发现自己的力量，而灾祸的折磨反而会使他们发现真我，磨难也是一样，它犹如凿子和锤子，能够把生命雕刻出力量和希望来。

增强不屈不挠的信念

做事前先培养自己的信心，在你望得见的地方写下"保持积极的心态，一切皆有可能！"同时要牢记"我不相信失败"，直到让这个想法完全驻进你的潜意识为止。

如果你的脑海中存有失败的思想，我将要对你提出这样的忠告，赶紧把它驱逐掉，因为失败的想法势必招致失败！

现在不妨让我们讲述某些人的成功故事，以印证这个哲理，同时让我们参考他们曾运用过的技术和方法。如果你能以慎重的态度去思考、研究这些案例，同时让自己的想法如同这些人一样积极，那么你将能克服那些看来势必导致失败的困难。

首先，我们希望你不要成为下例中的"编外参议"。

某公司，有一位绰号为"编外参议"的人，他并不是公司决策层人员，但喜欢评论决策层的决策。每逢公司作出决议的时候，这位"编外参议"必然高谈阔论，对那些似是而非的论点持反对意见，这就是他的习惯，也是他之所以获得"编外参议"绰号的由来，但是有一回，在偶然的经历中，他却受到相当深刻的教诲，并使得他一改以往的心态与作风。事情的经过是这样的：

有一次，公司方面面临一项重要的经营决策问题。这个决策成功的希望很大，但却需要花费相当大的资金，且风险性也高得近乎孤注一掷。公司的经营者为此伤透脑筋、举棋不定。在讨论此决议时，编外参议听说了，又摆出学者的姿态开口说话了："暂且少安毋躁，让我们先

来考虑其中可能遭遇的困难吧！"

此时，有一位素来沉默寡言，却以出众的才能、业绩，及不屈不挠的个性深受同事们欢迎及尊敬的人，以断然的口吻开口说话了。

"你为何总强调障碍、困难？并以它来代替成功的可能性呢？"他如此问道。

"因为……"编外参议回答，"凡事都应该做最坏的打算，并应考虑现实的问题。现在这项计划中存有若干障碍的确是事实。请问你要以如何的态度去面对这些障碍呢？"

那人毫不犹豫地回答说："你是说，要以何种态度去应对这些难题呢？不用说，当然是要把它们彻底加以解决，并让它们从现实中消失。"

编外参议反驳道："这件事恐怕是知易行难！不像你说的那么轻松简单！你刚才说要将它们消除掉，是不是你有什么特别的方法？我想，除了你之外，我们是没有这种能耐的。"那人从容不迫地接着回答这个问题，脸上还不时浮现出微笑。

"我可以这样告诉你——我从来没有看过以充分的信念和勇气努力去克服障碍，而尚有克服不了的。如果你真的想知道该如何做才能办到，我现在就可以展示给你看……"他这么表示。

然后，他从口袋中取出皮夹，在透明夹层中，夹有一张上头写着字的卡片。他把皮夹推向位于另一端的桌缘，并对编外参议说道："请你读一读它吧！那就是我的方法，是我从生活中的亲身体验所得。"

编外参议拿起皮夹，以疑惑而好奇的神情默读着。

"请大声地读出来吧！"那人说道。

编外参议以半信半疑的声音慢慢读出：

"虔诚的信仰给了我无比的力量，凡事都能做。"

那个人把皮夹收回，放入口袋中，同时表示，"我经历了很长的时间，也遭遇过相当多的困难，这句话的的确确具有实际上的力量。运用了它，任何障碍都能消除。"他带着肯定的口吻说道。

在场的每一个人都明白了他的意思，而他的积极态度，以及他那勇于克服困难而备受瞩目的事实，使得大家对他所说的话深信不疑。

于是再也没有人说消极的话了。后来，这句话也在他们身上发生了作用。他们将这句话纳入心中，并付诸实行。尽管现实中存有无数的困难和危险，但是他们依然成功地完成了预期的目标。

大体而言，这人所使用的方法乃是依据"不要惧怕障碍"这项真理。因此，面对障碍时所要做的第一件事便是，站起来反抗它！克服障碍，你将发现，原来它不过只有你一半的力量而已！所以相信自己，即使没有人相信你！

对于自己认定的事，就应义无反顾地做下去，如果听任别人的指挥，而改变自己的主意，做对了没有成就感，因为主意是别人的；做错了，会后悔，因为自己没主张，听信了别人的话。

还记得4分钟跑1英里的故事吗？这个故事从古希腊时代就开始了。据说，当时的人们为了达到这个速度，有的奔跑者尝试着喝下了真正的虎奶，还有的人居然让狮子去追赶奔跑者，以为这样就能使他跑得更快。然而，这些都没有用。于是，人们便断言，这是人类不可能达到的目标。这种认识延续了几千年，人们几乎都相信，在4分钟内跑完1英里是人的生理条件所不能承受的，因为人类的骨骼结构不行，肺活量不够，空气的阻力又太大……理由有成千上万条。

然而有一个人，他独自证明了所有科学家、教练员、运动员以及在他之前尝试过但没有获得成功的数以万计的人都错了，他就是罗杰·班尼斯。奇迹中的奇迹是，当罗杰突破了4分钟跑完1英里的目标后，立刻就有另外37人打破了这一纪录；而一年后，能在4分钟内跑完1英里的运动员已经达到了300个！

几年前人们站在纽约1英里跑的终点上，亲眼目睹了参加比赛的13名运动员都达到了4分钟跑完这一路程的速度；换言之，即使是跑

得最慢的选手也做到了这个在数十年前被人们认为是不可能的事。

这到底是怎么回事呢？训练技术并没有获得突破性的进展，人类的骨骼也没有在一夜之间获得了改善，但是，人们的态度却发生了改变。

想一想石匠吧，他在一块岩石上凿打了100次，可能不会在石块上留下多少痕迹；但在第101下时，那石块却分裂成两半了。这当然不仅仅是那最后一凿的缘故，而是先前他的每一次凿打都在发挥着作用。倘若你定下了一个目标，你就应该能够完成它。谁能够断言你干得不比你的对手更顽强、更漂亮、更出色而且更有才华呢？

心灵悄悄话
XIN LING QIAO QIAO HUA >>>

就是有人说你不行，那也没有关系。关键在于，而且这是最关键的，你必须相信你自己能行。

一切靠能力说话

一个青年，如果从来不肯竭尽全力来应付一切，如果没有坚强不屈的意志，如果没有可施展的能力，那么就决不会有多大的成就。

现代人求职，用人单位多讲求学历，然而学历对于一个人来说重要吗？重要！在应聘甚至入职初期，学历是公司对你做出初步评估的唯一参考。然而，学历真的那么重要吗？没那么重要！在知识更新近乎神速的今天，我们在学校里学的知识，很可能走到校门口就被淘汰了，根本来不及运用到实际工作中。

在任何一家公司里，一个平庸的博士往往是随时可以被辞掉的，而一个有能力的专科生反倒可以平步青云。所以，别再做着一纸文凭闯天下的美梦了，想获得职业上的价值，你需要用实实在在的能力来说话！

赖斯只是一所普通专科学院的毕业生，学的是计算机专业。临近毕业那年，为了完成社会实习报告，赖斯在父亲的帮助下进了一家小有名气的科研机构。

第一天上班，他明显不太适应，只是傻傻地干坐着，而科研机构的领导也不敢贸然把工作交给他。后来，旁边一个在读研究生看不下去了，就把自己手头的活分了一个给他，说："不急，三天之内完成就行了。回头我帮你去跟上司说，写个实习鉴定应该不难！"

赖斯很感激这位师兄，接下来的三天，他几乎住在了单位，在规定时间内出色地完成了任务。当天上午，上司得知了整个过程，吃了一惊，对赖斯也开始刮目相看了。

随后，上司又交代给他几个任务，并且还缩短了时间。赖斯还是提前做完了所有工作，而且质量相当高。

实习期满，上司将鉴定交给赖斯，没有多说什么。但是不久，这家科研机构就派人来到他的学校，指明要跟赖斯签劳动合同。办公室主任非常诧异："您不是跟我开玩笑的吧？我这里还有好几个研究生都没着落呢，您却要一个普通的大专生而不要硕士生？"

"不是开玩笑，他能力很强！"科研机构的主管说，"能成大事。"

今天，当职场竞争越来越激烈，员工之间比拼的除了能力还是能力，人们挣的不再是资历薪、学历薪，而是能力薪！无论是应届大学毕业生还是工作多年经验丰富的老员工，要想获得高薪，就必须拥有被大家认可的能力，这才是决定薪水的唯一标准。

能力，可以在不知不觉中拉大人与人之间的差异。销售能力强的员工，能卖出更多的产品；懂得挑选千里马的伯乐，能为企业招贤纳士；医术高明的大夫，能更快地帮助病人解脱痛苦……说到底，工作还是要凭本事，靠实力的，那些仗着高学历、有关系、会耍嘴皮子的人，或许能风光一时，但日子久了还是会穿帮。

森林里的鸟儿们召开大会，公开选举国王。

孔雀站在枝头，得意地说："你们看，我的羽毛多漂亮，选我做国王吧。"底下的鸟儿们都被孔雀的诱人的翎毛迷住了，于是纷纷推举它当国王。

这时，乌鸦在一旁质疑道："孔雀，假如你做了国王，老鹰来攻击我们的时候，你能保护我们吗？"这句话提醒了大家，麻雀也问："对啊，你连飞都飞不起来，怎么保护我们呢？"喜鹊说："光有漂亮的羽毛有什么用，国王要有真本事才行啊！"

孔雀被问得一句话也答不出来，红着脸走开了。

很多时候，我们的高学历就像是孔雀身上漂亮的羽毛，起初还能引人注目，可时间长了，既不能很好地保护自己，又没能力给集体带来利

益，除了中看之外还有什么用呢？企业需要的不是高学历的孔雀，而是能够展翅飞翔的雄鹰，能力才是最好的武器。

不管你从前多么优秀，也不管你的学历有多高，一旦走入社会，步入职场，企业看重的都将是你的真实能力，如动手能力、沟通能力、理解能力、协作能力、实际操作能力、待人接物能力等，这些能力才是你在企业中的安身立命之本。

对薪水不满意之前，先看看自己的能力有没有达到领导的要求？是否配得上更高的薪水？在工作之余，不要放弃任何一个可以学习发展的机会；将学习与工作的时间按 4：6 来分配；尽量多利用工作的便捷条件，在实践中找出自己能力缺乏的地方，立即补救。善于总结才能不断提升，提升能力才是要求高薪的资本。

心灵悄悄话
XIN LING QIAO QIAO HUA >>>

想要纵横职场，我们就必须化身为一块能循环吸水的海绵，在付出的同时，也要珍惜每一个可以吸收最新知识、掌握先进技能的机会，不断提高自己的个人能力，这样才能跟得上快节奏的生活，在职场立于不败之地。

永远保持一颗进取心

时刻保持进取之心，是做强自己，做大事业的思想保证，如果加之以自强不息的奋斗实践，成功即是唾手可得的事。

很多人在取得一定成就后，就会觉得自己了不起，没有必要再学新的知识、掌握新的技能。其实，抱有这种心态，就是缺乏进取心。

发展的社会让大家都对新事物应接不暇，人们要应对千变万化的世界，就必须要做到不断学习。

没有一本万利的知识。未来社会的竞争，必将逐渐从知识竞争转向学习能力的竞争。无论对于个人和集体，学习都是不可少的一个环节。没有好学之心，个人不能进步；没有好学的氛围，集体的发展也停滞不前。如果你每天花一个小时的时间去学习你不知道的知识，那么在五年之后，你就会惊讶于它给你的生活带来的影响。

有一家美国小公司被一家德国跨国集团兼并后，公司新总裁就宣布：公司不会随意裁员，但如果员工的德语太差，以致无法和其他员工交流，那么他很有可能被裁掉。公司将通过一次考试来检验员工们的德语水平。

当其他的员工都涌向图书馆，开始补习德语时，只有一位叫皮埃尔的员工和往常一样，并没有表现出紧张的神情。其他人认为他可能已经放弃这个职位了。但是当考试成绩公布后，皮埃尔的成绩却是最高的。领导根据成绩外加其他几项考核，决定任命皮埃尔担任集团公司的大区总经理。

　　原来，皮埃尔自从大学毕业后来到这家公司，就认识到：同别人相比，自己无论是在知识上还是在经验上都没有特别突出的地方。从那时起，他就开始通过各种形式的学习来实现自我提高。公司的工作虽然很忙，但是皮埃尔每天都坚持学习新的知识和技能。因为是在销售部工作，他看到公司的德国客户有很多，但自己不会德语，每次与客户的往来邮件与合同文本都要公司的翻译帮忙，有时翻译不在或兼顾不上的时候，自己的工作就要受影响。虽然公司没有明文规定要学德语，但是皮埃尔还是自觉地学起了德语。

　　对皮埃尔来说，公司被兼并这样的事情显然不是他所能决定的。但是他能够通过积极的学习，增加自己的技能，从而顺利地适应了新任领导的要求。

　　显而易见，皮埃尔把自己的业余时间用来学习，为自己的事业积累"知本"，终有一天，这些"知本"会成为他事业前进的推动力。有这种"知本"意识的人，想不成功都难！

　　诚然，不爱学习，即使大白天睁着眼，也只是两眼一抹黑。只有经常学习，不论年少年长，学问越多心里越亮堂，才不至于盲目处事、糊涂做人。

心灵悄悄话
XIN LING QIAO QIAO HUA >>>

　　每天学习一点点，每天进步一点点，天长日久就是一个可观的成就。"学习像逆水行舟，不进则退"，只有不断地学习、不断地进步，才能让自己与社会共同进步，才能让自己的成就越来越高。

别让别人的评价左右自己

对自己选定要做的事，就不要轻易做出改变，因为即使是错的也只有结果才能做出判断，宁可承受失败后的痛苦，也不接受事前的左右。

在哈佛人看来，成功是靠自己取得的，也只有自己才能够成就自己，如果一个人总是活在他人的评价里，时刻按照他人的评价修正自己的行为，完全被他人的评价所左右，最后很可能是一无所获。事实上，无数人的事实早已证明了这一点。

一个人能否成功，并不取决于别人怎样看待自己，而在于自己怎样看待自己。如果你相信自己的选择，并一直坚持下去，那么总有一天你会取得别人望尘莫及的成功。

在上学的时候，迪斯尼就对绘画和冒险小说特别感兴趣，并很快读完了马克·吐温的《汤姆·索亚历险记》等探险小说，他梦想着自己以后能把故事变成图画。

一次，上小学的迪斯尼出色完成了老师布置的绘画作业：把一盆花的花朵画成了人脸，把叶子画成人手，并且每朵花都以各种表情来表现着自己的个性，但当时的老师根本就无法理解这幅画，竟然认为迪斯尼是在胡闹，并当众把他的画撕得粉碎。当迪斯尼反抗时，老师更加严厉地批评了他，并告诫他以后不许胡闹。

委屈的迪斯尼回到家里，父亲问清缘由后，对他说："我认为你的画很有创意，对同一个事物，不是每个人的看法都是一样的，关键是你自己怎么想。不能主宰自己的人，终生都是一个奴隶。"迪斯尼记住了

当时父亲的这句话。

第一次世界大战时，迪斯尼报名当了一名志愿兵，在部队中做汽车驾驶员，闲暇的时候他就创作一些漫画，并寄给一些幽默杂志，但他的作品几乎都被退了回来。

战争结束后，迪斯尼来到了堪萨斯市，他拿着自己的作品四处求职，经过一次又一次的碰壁之后，他终于在一家广告公司找到了一份工作，然而，他只干了一个月就被辞退了，理由则是他们认为迪斯尼缺乏绘画能力。

1923 年 10 月，迪斯尼和哥哥罗伊在好莱坞一家房地产公司后院的一个废弃的仓库里，正式成立了属于自己的"迪斯尼兄弟公司"，他创造的米老鼠和唐老鸭几年后享誉全世界，并为迪斯尼赢得了 27 项奥斯卡金像奖，使他成为世界上获得该奖最多的人。

可见，做任何事之前，如果能够充分肯定自我，就等于已经成功了一半。面对挑战和他人的质疑时，不要否定自己：我就是最优秀和最聪明的。

心灵悄悄话
XIN LING QIAO QIAO HUA >>>

走自己的路让别人说去吧，其实人最了解自己的还是自己。有时别人的评价有善意的也有恶意的，在认清自我的前提下，明智决断，不要被错误的或者恶意的评价所左右。

第五篇 >>>

淡看人生的起伏

　　周国平说："人生有千百种滋味,品尝到最后,都只留下了一种滋味,就是无奈。我们不得不把人生的一切缺憾随同人生一起接受下来,认识到了这一点,我们的心中才会坦然。"活着,就要活得简单活得快乐,不纠结、不钻牛角尖。遇事该强则强,该弱则弱。不为他人而活,为自己而活。放宽心态,淡看人生,快快乐乐。活着是一种心情,不屈服于强势,不惧苦难,为了活着而活着,为了经历而活着,为了理想而活着,为了实现自己的价值而活着。很多时候,我们需要欣然接受那些我们尽心竭力却仍旧无法改变的无奈。

淡定才幸福

人生只是路过。淡定的人不是没有无奈，而是看淡这一切，固守着自己所谓的幸福，自在地生活，简单地快乐。因为人生的幸福原本有限，它不在于各种外在条件，而在于你是否善于享受生活的乐趣。

每个人似乎都这样感慨过："生活实在太无奈了！"每个人似乎都这样抱怨过："幸福为什么不肯眷顾我？"每个人也都这样期盼过："美好的生活请快点来到吧！"但你是否想过究竟怎样才是最好的人生呢？

有这样一则广告在网络上流传甚广，曾感动了无数备感无奈、被生活推着往前走的年轻人。

她是一个女孩，在公司里，就像便利贴一样，人人都可以将它撕下来用，用完就被随手丢到一旁，那样默默无闻，那样卑微渺小，那样无足轻重，但她却有个超级好心态。她说：这样最好，能者多劳。

朋友们搞聚会，她被找去凑数，做一个可有可无的陪客而已，但她却能安慰自己：这样最好，人缘好，又可以吃得饱。

她的存款不多，卡上的数字连一张床脚都买不起，但她笑着说：这样最好，不怕金融海啸。

她男朋友的车子没人家好，偶尔还抛锚，但她很善于自我解嘲：这样最好，一起散步回家，感情更好。

是的，自己认为最好，那就是真的好。幸福是什么？幸福是靠自己感受的，不是靠别人描绘的。所以有人说：如果我们只追求幸福也就罢

了，但我们容易犯的一个错误是想去追求比别人更幸福。

唐伯虎有首诗："别人笑我太疯癫，我笑他人看不穿。不见五陵豪杰墓，无花无酒锄作田。"生命如此短暂，世间那些所谓成功的背后隐藏了多少虚相啊！人生的每一分、每一秒都要充分利用和享受，让生活多一分快乐，少一点忧愁和烦恼。生活中难免有不如意的事，然而那些我们怨恨的、计较的、争辩的事情，真的重要吗？为何不能笑着面对呢？

在我们的生命中总会出现各种各样的人，爱人、亲人、朋友、同伴、导师，然而究竟又有多少人能够陪我们一直走下去呢？他们只是我们人生中匆匆的过客而已。人海茫茫，不论是一次偶然的擦肩而过，还是无意中的一次对视，抑或是人来人往中的一次相逢，都是一次难得的缘分，都应该珍惜。但当缘分过去，我们也不必执着。只有适时地放手、恰好地转身，才是淡定之人应有的选择。

冯仑讲过一个关于"人走茶凉"的故事。他在一个单位负责的时候，单位给他配了一辆车和一个司机，因为跟司机经常打交道，也算是一个朋友。后来他落魄了，但还是习惯坐那辆车，结果司机把他拉到政府门口，对他说："你已经不是领导了，下车吧。"就把他赶下了车，冯仑只好坐四毛钱的大巴回家。后来他做股票发达了，司机又来找他套股票的信息。一般人心里肯定都接受不了，但冯仑冷静了下来，甚至还帮他买了股票。他认为司机作为一个打工的，要巴结两百多个领导，不容易，你走了还巴结你，累不累？他天天开车拉着一个不是领导的人，别的领导怎么看？所以说领导一走，茶就赶紧凉，新领导来了，再抓紧沏新茶。如果旧领导再回到这儿，他再临时沏一杯茶，他不可能也不会把茶一直热着。

人走茶凉，换人换热茶，这是人生经常要面对的问题。很多人想不开，看不透，痛恨这些人情世故。可是，人生的因缘际会确实如此，一

路相逢，一路告别。身边的圈子就那么大，人的精力就那么多，除却保持着君子之交淡如水的一二知己，其余那些路过的人和事，过去了就过去了。纵使面对人走茶凉，你也要宽容，这样彼此在社会上才能找到各自的生存道路。生活为什么无奈？只是我们执拗着不肯按照生活的本来面目活着而已。想要拥有的越多，害怕失去的就越多。

既然世界是变化的，万事万物不断更新，那么，我们也要不断推陈出新，勇于接受改变。

有个故事是这样说的：有个国王做了一个梦，醒来之后却忘记了梦中的先哲对自己所说的参透人生最重要的一句话。于是国王命令大臣们猜测梦中的那句神秘的话是什么。冥思苦想之后，终于有一个大臣想到了，那句话便是：一切都会过去。

生活中，我们不难发现自己会被许多苦恼和小事情所困扰，既搞得自己心神不宁、毫无斗志，又会使自己每天都笼罩在悲愤郁闷的氛围之中。生活中有太多无奈，我们可能无法去改变，也无力去改变，但如果我们真的懂得"一切都会过去"，那么我们每天都能有个好心情。

生命是一个不断飘移的过程，你我所路过的每一个地方、每一个人，也许都将成为驿站，成为过客。

人生路上，我们总是要为错过了某些人、某些事而感怀，为自己没能抓住想要的东西而悲伤。雁过留声，人过留名，每个人都希望自己能够留下一些痕迹。我们渴望被别人接纳、被社会认同，渴望闯出一片独属自己的天空，渴望踏雪留痕、飞身留迹，不过世事总是无奈的，我们常常难以如愿。

我们看懂了已经拥有的缘分，却看不懂世事变化无常，看不懂自己的即将前行。蝴蝶自在而飞，原本就不是为你翩翩起舞，而你原本也不是美丽蝴蝶的追寻者。人生的相遇往往不过是无意中的一次交集，我们既然懂得了相遇，也要学会忍受别离。人生在世，茫茫然地走上一遭，任它有千般的无奈，我们只需要记住：生命是用来走过而不是用来停留的。

抚慰——此情可待成追忆

　　有首歌叫作《潇洒走一回》，其中有这样一句歌词："天地悠悠，过客匆匆，潮起又潮落。恩恩怨怨，生死白头，几人能看透。"悠悠天地，纵使沧海桑田，纵使世事无常，我们不妨从容地走过，淡然地面对。

心灵悄悄话
XIN LING QIAO QIAO HUA >>>

　　走得好与坏并不重要，重要的是我们已经走过，并且能够坚持那一份洒脱和淡定。

学会接受不幸

任何时候，一个人都不应该做自己情绪的奴隶，不应该使一切行动都受制于自己的情绪，而应该反过来控制情绪。无论境况多么糟糕，你都应该努力接受不幸的现实，做你环境的主人，把自己从黑暗中拯救出来。

有个职员因为家庭条件比较艰难，所以一直都很努力地工作，希望自己的出色表现能够引起老板的注意，有朝一日能够得到赏识和重用。根据工龄来讲，他已经是一个老职员了，不过这么多年来，一直都没能被提拔上去，眼看着新人一个个都走到自己前面去了，他自己也觉得很有压力。

在最新一次的干部评选大会前，他的呼声一直最高，他也兴冲冲地向妻子提及了此事。但没想到，他最终不幸落选。他已经记不清这是第几次失败了，他觉得自己没脸回家面对妻子和孩子。他曾经期待的幸福生活，在最接近他的时候无情地离他而去了。面对这一切，他绝望无助，几乎失去了继续奋斗的勇气。

是的，我们都有可能会遇到各种各样的不幸，但有一个信念应存于我们心中：无论是怎样的不幸，我们都拥有战胜它的能力。

我们总是希望自己可以做得更好，可以得到更多，我们希望自己很漂亮、很富有、很有才能，同时也希望自己能够一帆风顺、事事如意，但人生从来都不会天遂人愿，世事多是无奈。而世界往往给了我们两种

选择，要么去适应，要么去改变。每个人都想着改变世界，不过却总是有那些不可以左右和控制，以及不能任意改变的东西存在。我们常常不知所措，不知道是继续坚持自己的理想，还是该作出妥协。

我们总是认为生活让我们变得无奈，甚至被推入了绝境。但事实上，在看似无路可走的境况中总有前进的方向。不论愿意与否，在必要的时候，我们也需要接受降职，接受减薪；接受病痛，接受伤害；接受失恋，接受离婚；接受不想要的东西，接受不想见的人。然而接受苦难和无奈并不意味着痛苦和不幸。生活总是反转剧，你永远不知道下一秒有什么好事会发生。

蔡康永在给残酷社会的善意短信中写道：离职了，但因此能完成向往已久的旅行；离婚了，但因此整个人充满能量。别人眼中的失败，可以是你自己认定的成功，反正成功有很多样子，会煮面，会劝架，会踢球，都是某种成功。我们不必因为厌恶大众对成败的定义，就负气说人生根本没有成败之分，我们可以为自己建立成败的标准。

人若想要得到幸福，首先应该懂得放下那些能够放下的痛苦，而痛苦常常来自我们对于生活的无能为力。所以与其痛苦地面对那些不可改变的事实，不如笑着去接受，给自己的心情一个放松和适应的机会。有位哲学家曾经这样祈祷道："祈求上天赐予我平静的心，接受不可改变的事；给我勇气，改变可以改变的事；并给予我分辨此二者的智慧。"

商人的家里失了火，不仅房子严重损坏，连财物都几乎在大火中化为了灰烬。等大火被扑灭之后，一家人都颓丧地望着几乎半是废墟的房子，脸上尽是不知所措的哀伤。可是商人却似乎不怎么伤心，火一扑灭，他就跑去别苑休息了。

家人被商人漠不关心的态度弄糊涂了，那可是他奋斗一生的钱财和资产啊！如今几乎毁于一旦，他竟然还有心情去睡觉，很担心他是不是被灾祸吓乱了心智，于是便试探地问商人："大火烧光了家财，你为何还能睡得这般开心安稳？你伤心难过的话就说出来，可不要藏在

心里！"

商人悠然地伸了个懒腰，淡淡地说："事情都已经发生了，哭着笑着都是一样，何必太过计较呢？钱财是我辛苦赚来的，没了虽然心疼，但我也知道，我还能再赚回来。既然伤心也是于事无补，不如安定心神，休养生息，尽早着手进行重建工作。"

荷兰的阿姆斯特丹有一座古老的寺院，寺院的废墟里一直矗立着一块石碑，上面刻着这样一句话："既已成事实，只能如此。"生活也会和我们开玩笑，也会让我们无所适从，既然木已成舟，不可更改，那么不妨试着去接受这个已成的现实。人生尽管颇多无奈，但是生活总是要继续的。原先的那一条路既然不能畅通了，那么也应该及时改变自己的路线，在下一条路上继续前进，而不是坐在闭塞的原路上兀自烦恼。

河蚌的腹内容不得沙子，沙子一旦跑进它的腹内，它也取不出来。然而河蚌却能够迅速适应沙子的侵犯，并将其磨炼成为宝贵的珍珠。人生也应该如此。当生活带来不可规避也无法改变的痛苦时，我们要懂得及时改变自己，懂得去适应生活，并换个角度和方式去看待生活，从而让自己的内心寻找到一个新的平衡点。

我们改变不了春华秋实，改变不了夏炎冬寒，但我们依然可以从每个季节中找寻到独特的快乐和美感，只要我们先懂得如何去适应节气的变化，只要我们愿意融入四时的变化当中去。很多时候，生活都为我们设置好了一切，有些顺乎心意和兴趣，有些则让人无奈且难以抗拒，但是我们不能一直为那些无法改变的事情而苦恼，也无须为一个不可更改的结果而黯然神伤。改变不了世界和生活，那就努力去改变自己的生活态度。

人要懂得随缘。我们应该懂得如何顺应生活，懂得如何去把握生活的缘分，这样才能如鱼得水般地生活。生活有时候是残忍的，但真正痛

苦的是我们不愿意让受伤的自己作出改变。人生在世，既要有勇气去改变那些可以改变的事情，也要有胸怀去接受那些不可改变的事实。这就是人们常说的运命和命运，命运是主动改变生活，而命运是不可控制和把握的那一部分。

做人不要总是执拗地坚持按自己的方式去生活，有时候，换个方式去看待生活，生活也许会更美妙。一个人是否快乐不是由自己的生活状态、生活条件决定的，而是由自身的心态决定的。

心灵悄悄话
XIN LING QIAO QIAO HUA >>>

内心快乐洒脱的人，他们能够适应最残酷、最无奈的生活环境，即便在逆境中也能找到生活的乐趣所在。因为接受不幸注注是寻找幸福的第一步。

淡看人生起起伏伏

　　在自然界，千帆过尽，繁华落幕，草木山川枯荣自如，开到荼蘼花事了，只剩下水天一色；在我们的内心，千金散尽，光阴远逝，生命由薄变厚，由厚变薄，有如烟花盛放，一刹繁华，一刹寂寥，终成过眼云烟。面对人生起伏，大地与生命是如此相似。

　　一位难出新作的著名演员无奈地退出了演艺圈。退隐后的生活恢复了普通人的平静，但离开了舞台，离开了大众的视线，离开了经久不息的掌声，生活显得非常无聊和单调。每当想起从前的种种风光，难免觉得今朝实在太过落寞，他不甘心自己变成一个平凡的人，却又只能无奈地接受这样一个事实：自己再也无法回到黄金岁月和人生的巅峰了。

　　百感交集的他不久就患上了严重的抑郁症，日渐憔悴。周围的人无论怎么规劝都无济于事，他接受不了人生巨大的落差，根本听不进去。直到有一天，他的母亲慈爱地看着他，回忆道："你刚出生的时候，那么小小的，没有任何名气，也没有很多人关注你，可那个时候你总是笑得像个小天使。现在的你是在为什么而难过呢？你只不过是重新走回了原点，并没有真正失去什么啊！出名以前怎样过日子，现在就怎样过日子……"

　　一个穷人从来就一无所有，所以心中能够非常坦然，但是当他突然变成富豪后，反而会害怕自己变回从前的模样；一个从来不曾有爱的人，往往对于爱与被爱不会牵肠挂肚，但是当他得到一份美妙的爱情

后，就会担心自己很快会失去这份爱；不曾相聚的两个人，各自都能够活得很开心，但是当他们某一天相遇时，又要为分别的事伤怀。人生不是害怕自己一无所有，而是担心自己得而复失的无奈。"未得到"与"已失去"，是梦想与现实为人生合奏的终极交响曲。

人生十有八九不如意。其实，活着就是一种心态，当你心无旁骛，淡看人生苦痛，淡泊名利，心态积极而平衡，有所求而有所不求，有所为而有所不为，不刻意掩饰自己，不势利逢迎他人，不做伪君子，就可以做一个真真正正的自我。如此这般，人生就算失意，也会无所谓得与失，坦坦荡荡，真真切切，平平静静，快快乐乐。

有一个故事，讲的是一个苦者找到一个和尚倾诉他的心事。他说："我放不下一些事，放不下一些人。"和尚说："没有什么东西是放不下的。"他说："这些事和人我就偏偏放不下。"和尚让他拿着一个茶杯，然后就往里面倒热水，一直倒到水溢出来。苦者被烫到马上松开了手。和尚说："这个世界上没有什么事是放不下的，痛了，你自然就会放下。"

是呀，没有放不下的。是你的就是你的，不是你的强求也不是你的。经历是让我们成熟的，而不是让我们沉沦的。

家家有本难念的经，每一家有各自不同的难言之隐，苦乐自知。百年修得同船渡，千年修来共枕眠。无论朋友或家人，相遇是世间有限难得的缘分，要珍惜这种得之不易的机遇。

厚德才能载物，没有宽厚的胸怀和仁义的道德做支撑，所得到的财富只能给自己带来灾难。

命里有时终须有，命里无时莫强求。人生在世一切都有定数，勉强不得，过于勉强只是跟自我过不去。

行得春风，方得春雨。人生一切是造化。人生是由酸甜苦辣所组成，我们喜欢欢乐，却无法拒绝苦难。倘若没有苦难的对应存在，如何

知道珍惜欢乐的价值？自然而然，人生随缘，淡定从容，随遇而安，知足常乐。

人生不过是一场寂寞的烟花，越是灿烂夺目，越是要体味寂寞和无奈。我们享受到了烟花的绚丽绽放，却常常不愿意承受烟花绽放后的落寞；我们享受过青春的激情，却常常无法面对青春逝去后的无奈；我们品尝到了爱情的美妙，但却害怕见到爱情苍老后的模样；我们习惯了繁华的幻影，却担忧着繁华过后的芜杂和虚无。

生活告诉我们，人不可能永远拥有而不失去，有得便会有失，这是亘古不变的道理。"夕阳无限好，只是近黄昏。"美好的东西似乎总是容易逝去，所以我们总是一方面带着美好的期待，享受着生活，同时又在为失去时的无奈而忧心忡忡。其实，生活注定要如此：雪花飘飞得再优美，最终也要融化咸水；花儿开得再艳丽，也无法避免碾落成泥；潮水来得再波澜壮阔，也会有落潮时的寂静。人生亦是如此，可以享受快乐，但也难免要忍受失去时的苦楚。

由生到死，由有到无，由得到失，不过是人生的一个历程，谁也无法轻易逃离，谁也无法轻易回避。我们害怕死亡，但死亡不是生命的流逝，而是因为走出了时间；我们害怕失去，但失去了也不是一无所有，那只是为了能够更好地放下。总有一些东西注定要在拥有时失去，总有一些人、一些事会匆匆而来，匆匆而去，面对刹那芳华，我们又何必心碎？

有人评价张爱玲说："只有她能够承受得了烟花般盛大的生命，却又如烟花般一世孤寂。"人生也是如此。我们总是对生活患得患失，然而这样的人生实在太累。人生有得便有失，我们何必斤斤计较？花有开谢之期，人有聚散之时。烟花并不那么寂寞，寂寞的是人心。心静之人无所谓得失，烟花绽放过，自己也曾拥有过，这便足够了。人生并不是拥有一切才会完美，只要在拥有时好好把握就已足够。正如泰戈尔所说："天空中没有翅膀的痕迹，而我已飞过。"

人生无须太过执着：当站在万人的舞台时，要享受观众的山呼海

啸；当站在无人的舞台时，也要享受一人时的片刻宁静。人生遇夏则如花般绚烂，遇秋则若秋叶般静美。

很多时候，人之所以会痛苦和烦恼，是我们太过执着于所得到的东西，所以也难免要为什么时候将会失去而忧心。人心淡定处，便没有什么得失，也就没有那么多的无奈和烦恼。

人生犹如一首歌，音调高低起伏，旋律抑扬顿挫；又仿佛一本书，写满了酸甜苦辣，记录着喜怒哀乐；亦像一局棋，布满了危险，也撒遍了机遇；恰似一条路，有山重水复的坎坷，也有柳暗花明的坦途；如同一条河，有时九曲回肠，有时一泻千里。人生的起起伏伏是自然也是必然，与其黯然神伤地哀悼过去，不如怡然自得地享受当下。

心灵悄悄话
XIN LING QIAO QIAO HUA >>>

当你足够淡定，就会晓得曲径通幽处的美妙。哪怕只有一次美丽的绽放，也是一种幸福，我们又何必让这种幸福成为一种无奈的负担呢？

失去是人生的一次历练

人生苦短，要来的阻挡不了，要去的挽留不住。只要你耕耘过，播种过，浇灌过，那么枯萎的必然是被淘汰的，得到的就是最好的。而在这得失之间，那些令你痛、令你恨、令你无奈、令你终生难忘、刻骨铭心的经历，也都是你的收获。

每个人都害怕失去，正因为如此，人们才往往会显得异常脆弱。有人因为失恋而遭受重创，生活从此像陷入泥潭一般，一蹶不振；有人因为丢掉了工作而心灰意懒，感到前途渺茫；有人因为失去了心爱之物而绝望悲伤，难以自拔。我们最在乎的东西，也许会在顷刻之间便被生活无情地带走，让我们在无奈的人生里迷失，在得失之间痛苦不堪。

为失去的东西而痛苦，是人之常情，但是，人之所以痛苦，是因为追求错误的东西。我们常常为自己失去的东西遗憾，后悔，不甘。我们渴望自己的生活可以更好更顺利一些。我们渴望自己能够得到自己想要的东西，渴望人生能够尽量完满一些。但我们却总是忽略这样一个事实：我们渴望的东西是否真的属于自己？它是否适合我们拥有，又是否值得我们拥有？所以一旦失去，我们总是显得焦躁不安，总是抱怨社会的不公和无奈。

其实，属于你的东西，一直不曾失去，即便错过了无数次，它终究也会属于你，这就是缘。所以有人说："前世五百次的回眸，才换得今生的擦肩而过。"所以张爱玲说："在千百万人中，千百万年间，不早不晚，正好碰上了，然后轻轻地说一句：哦，你也在这里吗？"但是不属于自己的东西，迟早都会失去，即便你抓得再紧，挽留得再执着，也

改变不了最终会失去的结局。

命里有时终须有，命里无时莫强求。缘分所在，自然可以有所得；无缘无分的，那么就证明彼此原本就应该远离。人生不要再为错过的东西而苦恼，过度执着地想要挽回那些原本就不属于自己的东西，只会多一些毫无意义的痛苦。

生活常常让人误以为就是天意弄人的一场意外：爱情鸟飞来了却又无情地飞走；努力奋斗到头来却依然一场空；想得到的一直得不到，想挽留的却总是轻易失去。我们总是抱怨生活夺走了自己的幸福，总是抱怨世事无常的苦楚，总是抱怨人生实在太过无奈，然而，越是轻易就失去的东西，就越不值得伤心和关注。因为轻易失去的东西，本来就不属于自己。

有个女孩失恋了便跑到河边自杀，正好被路过的老人救了下来。老人见姑娘年纪轻轻就想不开，自然也已经猜到了其中的缘由，心中觉得非常惋惜，于是不住地摇头。姑娘见状就好奇地问："老人家为何一直不停地摇头呢？"老人故作哀伤地说："我刚才途经街市，捡到一件非常漂亮的衣服，于是便高高兴兴地穿在身上。不想走了不到半刻，便有人追上来要回了那件衣服，弄得我烦恼得很，与对方争执不下，最后讨了一顿打骂。"

姑娘诧异地说："老人家难道想妄取别人的东西吗？这衣服原本就不是你的，被人取回了也很正常，你何必与人纠缠呢？当真是自讨苦吃。"姑娘的话说得毫不客气，但老人并不生气，反而笑着说："这就是了，姑娘为何又不愿放弃不属于自己的东西呢？明知这感情已经不属于自己了，为何还要苦苦纠缠，让自己不痛快呢？"姑娘这才明白了老人家的深意。

亦舒说："失去的东西，其实从未真正属于你，也不必惋惜。"做人当潇洒一点，不要为那些得不到的东西伤怀，不要为那些不属于自己

的东西而费尽心力。执着于不属于自己的幸福，不仅毫无结果，反而只会让那些属于自己的幸福也一同错过。生活赐予你的一定要坦然接受，好好地把握住，那些不属于自己的，想抓也抓不住，你无须去自寻烦恼。不要浪费生命在你一定会后悔的地方。

幸福就是把握好拥有的东西，而不是错误地追求不属于自己的东西。如果你误解了幸福的意义，那么人生自然也就要承受不应当承受的痛苦和烦恼。如果你错把已经失去了的、不属于自己的幸福当成了悲伤的理由，那么就将陷入生活的圈套。不要为那些不该留的东西而哭泣伤悲，不要为那些原本就要走的东西而苦苦挽留。很多时候，不是生活剥夺了你幸福的权利，而是将你的幸福重新进行了正确的排序。

当我们拥有的东西失去时，我们需要及时告慰自己：只不过是自己选择了错误的幸福而已。既然是错误，我们就无须痛苦，也无须挽留。

心灵悄悄话
XIN LING QIAO QIAO HUA >>>

生活就像一座熔炉，我们精心提炼着幸福，而最先被提炼出的注注是无用的渣滓，并不是我们想要的幸福，所以又何必惋惜呢？

别为打翻的牛奶哭泣

一花凋零荒芜不了整个春天，一次挫折也荒废不了整个人生。我们要正确面对人生的遗憾，要在最短的时间内接受这些遗憾．而不是一直纠缠在里面。其实，遗憾可以被放大得如泰山压顶，也能被缩小成一羽鸿毛。别让遗憾耽误了你的行程，正如泰戈尔所说："如果你因为错过太阳而哭泣，那么你也将错过群星。"

他是一位退役军人，在战争中不幸失去了一条腿。返乡的途中他经过一个小镇，听说附近的某座山上有一个神奇的泉眼，据说里面的泉水可以医治好各种疾病，被当地人奉为"圣水"。他于是拄着拐杖前往一探究竟。有个路过的村民看到后，怜悯地说："可怜的孩子，难道你在祈求上天再赐给你一条腿吗？"军人摇摇头回答道："我不是想向上天祈求得到一条新腿，而是想祈求他帮助我，教我没有了一条腿后，也知道如何生活。"

人生诸多不如意，我们总是会错过许多美好的事物，总是会在无意中留下一些遗憾，这是生活的必然，正常得不能再正常了。然而很多时候，当我们失去某样东西时，却总是不愿意承受这样的打击，不愿意接受这样的事实，一旦失去就想要千方百计地寻回，或是长时间地沉湎在失去的痛苦和不幸当中，难以自拔。

失业时，我们感觉生活陷入了绝境，无心出去找其他工作；失恋了，我们感觉人生黯淡无光，似乎所有的一切都是虚空；失去喜爱的东

西后，我们感觉自己一无所有，人生已经没有了任何乐趣。在我们看来，失去总是意味着一切的结束，所以常常陷入无止境的苦痛和悲伤之中难以自拔。

然而苦痛只是一时的，生活总会给我们以补偿，所以失去的不妨就让它随风而去。须知我们的生活还需要继续，没有必要执着着一直不肯放手。无须再为过去的不幸悲伤流泪，不要刻意去放大自己失去时的悲伤，也不必对一时的得失耿耿于怀。昨日的阳光再美，也照耀不出今天的晴朗；昨日的阴雨再暗，也无法遮蔽今日的蓝天。痛苦和伤悲已经挽回不了什么，反而只会让自己更加迷茫，会让自己错失更多的东西。

人生要向前寻找新的幸福，根本不会留下太多的时间让你去懊悔、去遗憾、去悲伤痛哭。过去的就让它静静地过去，不要太执着、太在意。做人应该懂得珍惜眼前和将来的幸福，把时间和精力浪费在业已发生且无法改变的事情上，完全没有必要。书中有这样一句话："当你为一个人向上天求了一千年的时候，还有另一个人同样向上天为你求了两千年。"执着于那些已失去的东西，可能就错过了那些一直在前方苦苦等待你的东西。人生不曾放下过，那么注定还要继续错过。

有人曾统计过临终时病人最后悔的五件事。第一件就是后悔当初没有勇气过自己真正想要的生活，而去追求了别人希望自己过的生活。这是所有后悔的事中最常听到的。当人们在生命尽头往回看时，往往会发现有好多梦想应该实现，却没有实现。你的生活方式、你的工作、你的感情、你的伴侣，其实我们多少人过着的是别人希望你过的生活，而不是自己真正想要的生活！

当疾病缠身时，我们才发现其实自己应该而且可以放下很多顾虑，追求你要的生活，只是似乎已经晚了一点。

第二是后悔当初花了太多的精力在工作上。

因为工作，许多男人错过了关注孩子成长的乐趣，错过了爱人温暖的陪伴，这确实是生命的遗憾。其实对于现代职业女性来说，这也是一件非常遗憾的事。

如果把你的生活变简单些，你也许会发现，自己在做很多你以为你需要做其实却并不需要你做的事。腾出那些事占的空间，可能你会过得开心一点。

第三件后悔的事是当初没有勇气表达自己的感受。

太多的人压抑了自己的感受与想法，只是为了"天下太平"，不与别人产生矛盾。渐渐地他们就成了中庸之辈，无法成为他们可以成为的自己。其实，有很多疾病正与长期压抑愤怒与消极情绪有关。

第四件后悔的事是与当初的朋友失去了联系。

多少人因为自己忙碌的生活忽略了曾经闪亮的友情。很多人临终前终于放下钱，放下权，却放不下心中的情感与牵挂。朋友也好，爱人也罢，其实生命最后的日子里，他们才是我们最深的惦念。

最后一件后悔的事是往往直到生命的最后才发现，快乐是一种选择。

我们在既定习惯和生活方式中太久了，习惯了掩饰，习惯了伪装，习惯了在人前堆起笑脸，以为是生活让我们不快乐，其实是我们让自己不快乐。

人生要及时从失意中解脱出来，不要因为一段爱情的失败而错过另一段爱情，不要因为失去了一个幸福就错过更多的幸福，不要因为一朵花的凋谢就悲伤绝望地忽视了整个花园的美丽。人生还会有下一站，下一站也还会有幸福。其实，当人生失去一些东西时，我们还可能会得到其他的东西作为补偿，生活总是保持着一个相对平衡的状态。

事实上，只有很小一部分的幸福是被生活无情夺走的，更多的幸福其实是我们自己在不经意中错过和放弃掉的，尤其是当我们承受不住生活的打击时，就很容易产生负面消极的情绪，陷入失落悲伤的泥淖中。当我们身上的幸福被带走了一部分时，我们就更加需要珍惜自己拥有的幸福，更要把握即将到来的幸福，因为生活总要继续下去，而那继续的人生也依然会非常精彩。

　　一个在商场拼搏多年而今功成名就的商人曾深有感触地说："很多人都羡慕我今日的辉煌，殊不知我在创业的道路上遇到过多少坎坷！我曾为生意场上的不如意而伤感，为自己做错的事而后悔，现在想来当初那样沮丧，真是没有必要。过去的事已经过去，后悔、埋怨、消沉都于事无补，何必为打翻的牛奶哭泣呢？"

　　是的，永远不要为打翻的牛奶而哭泣，我们需要淡然地面对人生的得与失。有副对联说得好："得失失得，何必患得患失；舍得得舍，不妨不舍不得。"人生当豁达一些，要懂得及时放下，不为一时的得失而自寻烦恼。

心灵悄悄话
XIN LING QIAO QIAO HUA >>>

　　人生就像一场旅行，不要因为错过一时的风景而伤怀，须知前方永远都会有美丽的风景在静静守候。

希望永远比失望多一次

　　人生有太多不如意的地方，有太多灰暗的境地，有太多不可避免的伤害，我们总是在不断地失望。工作事业、爱情婚姻、生活中的得到与失去，常常轻易地让我们陷入绝望，使我们失去生活的信心和勇气，让我们无奈地感叹：生命如秋蝉一般短暂，又如芦苇一般脆弱。我们不过是大千世界中微不足道的一粒尘埃，随着命运的风向飘荡。

　　绝望常常欺骗我们，使我们轻易放弃了对生活的追求；希望也常常欺骗我们，它描绘了一个美妙的理想国，然后又残忍地摧毁，使我们陷入更大的绝望之中。当我们站在这个不如意的世界中，当我们的希望变得微不足道，成为一个廉价的幻想时，追求似乎已经没有了任何的意义，所以很多人陷入颓废之中，用痛苦麻痹着自己，用无奈折磨着自己，对生活似乎只剩下彻底的绝望。

　　我们要用淡定之心去看待这个世界，需要坦然地看透世界的真相。人生固然让人无奈，然而我们也不应该颓废地活着。鲁迅先生说："希望是本无所谓有，无所谓无的。这正如地上的路；其实地上本没有路，走的人多了，也便成了路。"在绝望中，希望常常也无所谓有无了，但是只要你还愿意去走，愿意继续生活下去，去和绝望做一点抗争，哪怕只是卑微无力的举动，绝路也许就会变成转角。

　　诗人食指说："我依然固执地铺平失望的灰烬，用美丽的雪花写下：相信未来。"无论生活多么让人绝望和无奈，我们也要相信未来的生活，也要对生活抱有信心。迷茫或者颓废只是消极避世的行为，然而也实在是避无可避。人生不要简单地用希望来构建一个美好的愿景，希

望越大失望也就越大；人生也无须用绝望来否定整个世界，生活还是有继续的价值，我们也还是有继续奋斗的价值。

一个兵荒马乱的战争年代，一个商人在翻越一座山时不幸遭遇了一个拦路抢劫的山匪。商人立即逃跑，在走投无路之时钻进了一个山洞里，山匪跟着也追进了山洞里。

在山洞的深处，商人在黑暗中被山匪逮住了，遭到一顿毒打，身上所有的钱财以及一把准备夜间照明用的火把，都被山匪抢掠去了。

所幸山匪并没有杀害他，两个人各自寻找山洞的出口。这个山洞极深极黑，而且洞中有洞，纵横交错。两个人在洞内摸索，犹如置身于一个地下迷宫。山匪拿着从商人那里抢来的火把，借着火把的亮光在洞中行走。火把给他的行动带来了很大的方便，他能探清脚下的石块，并能看清周围的石壁，因而不会碰壁也不会被石块绊倒。但是他走来走去就是走不出这个洞，最后力竭而死。

商人在失去了火把之后，没有照明，行动十分艰辛。他不时碰壁，不时被石块绊倒，跌得鼻青脸肿。然而，正因为他置身于一片黑暗之中，才能够敏锐地感受到洞口透进来的微光，最终逃离了山洞。

在生命的逆境中，能否走出黑暗关键不在于是否拥有火把，而在于一个人的人生态度和他的信念。

"山重水复疑无路，柳暗花明又一村。"现实生活中不乏绝处逢生的例子。俗话说："大难不死，必有后福。"

每个人都希望自己的奋斗能够换来一个好结果，每个人都是为了更美好的人生而奋斗，所以一旦得知结果不尽如人意，一旦知道自己的努力和希望最终可能不过只是个幻影，我们可能就会颓废地放弃奋斗或抗争。人生的路上会有玫瑰花开，也会有阴暗恐怖的险途，然而无论前方是什么，这些都已经无关紧要：我们不因绝望而颓废，也不因希望而前进，我们只是单纯地活着、单纯地奋斗。只有活着才是最真实的，这就

是人生最本质的意义。

人生只要奋斗过就足够了，结果会是怎样并不重要；我们也无须去期待能够得到什么结果。过于执着地追求得失与好坏，这本身就是一种负担。人生的意义在于如何去活，而不在于活得怎么样。人生就像走路，重要的是我们一直在走着，至于走到哪里，走得怎么样，并没有那么重要。无论结果会是如何，我们只需要竭尽全力去做，只需要为自己的人生而活着，只需要找回一颗最真实的不被生活迷惑的心灵。

人生本就如此，我们需要坦然地面对现实生活，需要坦然地接受生活中的种种无奈。用淡然和沉静的心去体味世界，看透世界的本相，打破不切实际的幻想和颓废虚无的精神主张。人生不需要精神避难所，我们没有必要去逃避。

心灵悄悄话
XIN LING QIAO QIAO HUA >>>

我们面现实人生，人生若是看透了，也便如此，重要的是我们一直存在着，也一直在走下去，一直希望着。

给生命留一点弧度

　　人生就像一个天平，天平这头放着我们自己，天平那头放着幸福。我们每个人都希望天平能够达到平衡，所以总是千方百计地尝试着控制它。其实人生自会对生活做出适当的调整，我们没有必要刻意去插手，太在意了，人生反而更容易失衡。

　　有人说幸福有两大悲剧：第一是当幸福来临时，我们往往不懂得珍惜，等到错过之后，才后悔莫及；第二是当我们加倍珍惜自己的幸福时，它却坚决地离我们而去。生活总是如此无奈，越是在意的东西，越是容易失去；越是想要抓住，往往越是抓不住。

　　我们刻意地经营爱情，小心翼翼地将它供奉起来，然而最终却是人走茶凉、劳燕分飞；我们辛辛苦苦地工作，费尽心力，但是得到的收获却不能和付出一样多；我们努力地构建一个美丽的人生，不过愿望却总是被无情地破坏。我们太想要抓住幸福，以至于握得太紧了，然而世事过犹不及，太过在乎和执著，反而失去得更快。

　　生活似乎总是和我们开着玩笑，总是让我们白白浪费时间和精力，然而我们是否想过，生活或许并不是真的那么残酷无情，也不是幸运之神不曾眷顾我们。我们找到了幸福，但是却在不经意间失去，这并不是因为生活的捉弄，而是我们不懂得如何好好地把握。我们太在意了，以至于不知道该如何去面对和处理，生活把幸福托付给我们，是我们没有好好留住。很多时候，我们太用力，太在乎，太执着，然而珍惜的方式并不是强势的完全占有，不是密不透风的精心保护，也不是毫无距离的左右相伴。珍惜就要懂得给予对方足够的空间和自由，正如纪伯伦所

说："在你们的密切结合中保留些空间吧，好让天堂的风在你们之间舞蹈。彼此相爱，却不要使爱成为枷锁，让它成为在你们灵魂之间自由流动的海水。"

一个人把手握紧，什么都没有，但把手张开就可以拥有一切。以退为进的道理谁都知道，可身体力行，还是困难的。

曾有报纸做过这样的调查：如果在一个暴风雨的夜里，你驾车经过一个车站。车站上有三个人在等巴士，其中一个是病得快死的老妇人，一个是曾经救过你命的医生，还有一个是你长久以来的梦中情人。如果你的车只能再带上其中一个乘客走，你会选择哪一个？

结果很多人都只选了其中一个选项，而最好的答案是："把车钥匙给医生，让医生带老人去医院，然后和梦中情人一起等巴士。"

或许是我们从来不想放弃任何好处吧，就像那车钥匙。有时候，如果可以放弃一些固执、限制甚至是利益，我们反而可以得到更多。

有些东西，你以为这次放弃了，就再也不会出现了，可当你真的错过了，会发现它在日后仍然不断出现；而有些东西，你以为暂时放过它，它还会一再地出现，就像当初它来到你身边时那样，可真的一旦错过，它就是美景不再的回忆，就是日后无法回头的遗憾。

如果我们放弃的和想得到的都是好东西，那怎么办？那是因为我们太贪心。我们本质上都是贪心的，贪心常常蒙蔽真心。要知道世界上不会有那么好的事，我们往往只能在某一时刻选择一样东西。

其实幸福也需要呼吸。每个人的幸福往往都是脆弱的，我们不经意间就会伤害到它。尽管这并非是我们的本意，但是幸福原本就经不起我们轻轻的一握。它并不需要我们给予更多的保护，我们需要给予幸福的是一点儿保护自己的空间。所以爱一个人不要爱到十分，要懂得留下两分给自己，因为对方也需要自己的空间，即便再密不可分，也需要得到呼吸的机会。而且一个人只有努力爱自己，往往才能让别人有机会来爱

你。很多时候不妨顺其自然，不去刻意寻求一个好的结果，反而会事半功倍。

太执着、太在意只会是一种负荷，更是一种烦恼、一种自我伤害。只有当人生懂得适时放手，幸福才能够更长久地停留和眷顾。我们应该知道：幸福是捧在手中欣赏的，而不是握紧在手心里私藏的。哲人说："每一个人都拥有生命，但并非每个人都懂得生命，乃至于珍惜生命。不了解生命的人，生命对他来说，是一种惩罚。同理，每一个人都拥有幸福，但并非每个人都懂得幸福，乃至于珍惜幸福。不了解幸福的人，幸福对于他来说，也会是一种惩罚。

心灵悄悄话
XIN LING QIAO QIAO HUA >>>

抓得太紧的幸福，反而流失得更快。这就像放飞风筝一样，如果我们想要让风筝飞得更高更远更惬意，那么就要懂得给风筝更多飞翔的空间，需要尽可能地放长手中的线；紧紧将它抓在手中，风筝也就无法飞高了。

随遇而安，无欲则刚

幸福不是获得的多了，而是在乎的少了。欲望太多的人，难得快乐；随遇而安的人，更易幸福。欲望太真切，求的太多，难免失望满怀；对境遇太挑剔，计较太多，生活中便烦恼遍地。将自我放在生活的洪流中，随波逐流，一路的风景都安然享受，却因此觅得了人生的大滋味。

世界常常让我们失望和绝望。面对世界的无奈，有人选择了消极逃避，隐居山林；有人试图反抗和争取；有人则放下烦恼，随遇而安地生活。归隐的人逃避了现实，却把现实放在了心上，难以释怀；反抗者不甘心自己被生活压制，渴望得到更多，所以将整个社会扛在肩上；随遇而安的人则看淡了一切，坦然地放下了生活中的困扰。

人生之所以痛苦，是因为我们常常被生活的教条束缚欺骗，不甘心随波逐流，而是非要逆水行舟。世界永远都存在于现实之中，我们的一切都受制于现实的羁绊，而现实中的种种已经告诉我们，理想国其实并不存在。既然不存在，那么我们为何还要活在这虚幻之中呢？为何还要执着地去创造出一个理想国呢？既然我们的抗争和改变是无效的，那么为什么不随遇而安，享受生活本来的样子呢？

有位老太太生了两个女儿，大女儿嫁给伞店老板，小女儿当了染坊的主管。于是老太太整天忧心忡忡。逢上晴天，她生怕伞店的雨伞卖不出去；逢上雨天，她生怕小女儿染出的布晾不干。天天为女儿担忧，日子过得很忧郁，久而久之，愁出了一身的毛病。后来一位聪明人告诉

她："老太太，你真是好福气！下雨天，你大女儿家顾客盈门，大晴天，你小女儿家生意兴隆，哪一天你都有好消息啊！"老太太一想，果真有道理，怎么我从前就没想到这个理儿呢？

事情就这么简单，同样的天气，同样的生意，老太太的心态一变，忧愁不翼而飞，身上的病也就好了。

著名学者周国平写过一个寓言，说的是一个少妇去投河自尽，被正在河中划船的老艄公救上船。

艄公问："你年纪轻轻的，为何寻此短见？"

少妇哭诉道："我结婚两年，丈夫遗弃了我，接着孩子又不幸病死。你说，我活着还有什么乐趣？"

艄公又问："两年前你是怎么过的？"

少妇说："那时候我自由自在，无忧无虑。"

"那时你有丈夫和孩子吗？"

"没有。"

"那么，你不过是被命运之船送回到了两年前。现在你又自由自在，无忧无虑了。"

少妇听了艄公的话，心里顿时产生了生活下去的勇气，便告别艄公，高高兴兴地跳上了对岸。

伏尔泰说："好运常常降临到天性开朗的人身上。"

常言说："想好事，好事降临；想坏事，坏事敲门。"只要把发生在自己身上的一切事情都当做好事看待，你就能经常保持良好的心态。

把脸面对阳光，你将见不到阴影。

我们不否认反抗者的伟大，但也无须就此轻视随遇而安者的卑微。落叶从不憎恨枝的离弃，曾经的青翠丰满已经足够；它从不与秋风争辩，不在乎这一次要远行何方；它从不抗拒大地的淹没，反而回报一片肥沃。因为落叶一直选择顺其自然、随遇而安，永远在恰当的时间做恰当的事情。它只享受当下的拥有，不计较错过与失去，所以它从不

烦恼。

其实人最大的不幸就是不知道自己是幸福的。我们很少想到自己已经拥有的，甚至不知道自己拥有的是什么，对于失去的、欠缺的却一直念念不忘。所以不论处于何种境遇，我们都有数不清的抱怨与不满。其实上天是为了要使我们有看见的能力，才安排了各种失去的课程，借由失去让人学习"看见"的能力——看见自己拥有的幸福。

有些人觉得如果按照所谓的命运去生活，就会变成生活的附属品，失去生活的自主权。其实不然，每个人都是自我的主人。万事万物都有其本身的规律，没有人愿意面对死亡，但是却没有生命可以永恒。死亡是为了新生，就像后退是为了更好地前进。生命本该如此，与其在争辩中消耗掉宝贵的生命，不如珍惜每一个当下，享受每一种际遇带来的美好。

苏格拉底带领几个弟子来到一块长满麦穗的田地边，对弟子们说："你们去麦地里摘一个最大的麦穗，只许进，不许退。"

弟子们听了老师的吩咐，纷纷走进麦地。看看这个麦穗，看看那个麦穗，他们一直试图找到一个更大的麦穗，所以一直没有下手。虽然其间也有弟子试图摘个麦穗，但一想，最大的麦穗还在前面呢，就放弃了。后来，苏格拉底大声说："你们已经到头了！"弟子们这才如梦初醒，懊恼不已。

苏格拉底告诫弟子：什么是最大的麦穗？很多的时候，我们未必能碰到它。即使碰到了，也未必能做出准确的判断。其实我们摘下的那一穗，也许就是最合适的。

我们的一生正是在麦地里行走，不断寻找着自己心中的麦穗，也都在期待最大的麦穗。有的人见到了颗粒饱满的麦穗，就摘下了它；有的人却一再期待，直到终点，才后悔莫及。梦想最大的不如把握手中的，这才是实实在在的，最合适的。

游离徘徊于现实之外，这种情况的发生，与人聪明与否、能力高低、是否接受过高等教育无关。它是一种对当下的不满足，人们通过对过去的怀念、对未来的想象来满足当下的自己。

做人最困难的不是逆水行舟，难的是懂得如何随波逐流。古语云："壁立千仞，无欲则刚。"只有放下那些繁杂的欲望，才能达到真正的刚强，才能明白随遇而安的境界。因为懂得了生命的真谛，了解内心真正的所求，才能视那些喧嚣浮华如无物，才能不让他人的价值观干扰了自己的频率。放下了一切名利得失，放下了一切世俗标准，随遇而安的人知道生命的真正意义并不在于奋斗，而在于简简单单地生活。其实，快意人生，能够开开心心地活着就是最大的幸福，一路的风景都留在心底就好了，终点在哪里真的重要吗？

心灵悄悄话
XIN LING QIAO QIAO HUA >>>

生命中许多东西是可遇不可求的，刻意强求的得不到，而不曾被期待的往往会不期而至。因此，一切随遇而安，顺其自然，不怨怒，不躁进，不过度，不强求，不悲观，不刻板，不慌乱，不忘形，所以寂静欢喜，人生之大所得。

第六篇 >>>

静下心来,听听心底的声音

在喧嚣的尘世中,我们听不到那些最真实的声音,我们心底的最真实的声音总是轻易地被掩盖和忽略。只有静下心来,听听真正的自己,找到真实的自己,不要让心灵蒙灰尘太多,不要被尘世的喧嚣所累,其实,心若安好,便是晴天,做自己人生的主角。从而多一分悠闲,少一分忙乱。

人生中我们总会遇到一个个难题,有毅力与懒惰的较量,有正义与屈服的抉择,甚至有关乎生与死……当你面对这一个个难题,请静下心来,听听心底发出的声音。

浮躁是划伤心灵的刀

俗世浮华，繁花似锦，美妙里总是潜藏着让我们伤痛的理由，而标签上永远只写着两个字：浮躁。我们如何走进生活，也当如何走出生活。漫漫人生走上一遭，断然不要携了满身的浮躁气息回来。只有让自己归于沉静之处，才能守得住一颗不再受伤的心。

这是一个浮躁的社会，我们想要得到的东西太多，但最后要么是无所得，要么是得到了又失去。托尔斯泰说："幸福的家庭总是相似的，但不幸的家庭却各有各的不幸。"幸福的人生总是相似的，而不幸的人生常常也因为同一个理由——内心的浮躁。

当我们贫困时，渴望能够富有，而当我们富有时，却总是怀念往日的苦难；当我们失去时，渴望重新得到，而当我们得到时，又发现其实一无所有；当我们失意时，渴望在成就中得到满足，可当我们成功时，却总是发现自己已经无所适从。我们的生活太容易变动，我们也太容易冲动，所以总是追求那并不快乐的快乐，人生的路走走停停，不知不觉间就迷失了前进的方向。

生活总是随心所欲地将我们抛进滚滚红尘，任由我们自己浮浮沉沉。我们喜欢喝浓而苦的咖啡，喜欢驾着马力十足的小汽车飞驰于公路，喜欢在霓虹灯下夜夜笙歌，但生活也许更需要一杯清茶，更需要乡间小路的漫步，更需要静夜下的一轮明月。因为每一个浮躁的人，都有一颗更加容易受伤的心。

我们追求单纯而刺激的生活，追求随性自由的人生，然而生活可以简单，但绝不是随便地粗制滥造；生活可以随遇而安，但绝不是草率地

随波逐流；生活也可以自由，但绝对不是肆无忌惮地为所欲为。世界熙熙攘攘，人生浮浮沉沉. 我们习惯了匆匆而来匆匆而去，我们的生活太过浮躁，所以往往活得很累，所以注定一直受伤。

浮躁才是人生游戏规则的制定者。我们选择了轻，生活却飘飘荡荡，一场虚空；我们选择了重，人生又难以呼吸，有不可承受之痛。其实，人生不在于作出什么样的选择，而在于如何去做选择、用什么样的心态去做出选择。心境淡定的人，生活总是如轻风一般惬意，只轻轻滑过脸庞，无伤也无痕；而浮躁的人哪怕是俗世的一粒浮尘也能穿心而过，留下一个最卑微的伤口。

大学毕业时，小周对于干哪行都没有什么特别的想法。由于求学时期的窘迫，他的工作方向是向"钱"看。小周毕业后的五六年，几乎是每年换一个工作。先是在办公室当文秘，一年后保健品很红火，他就应聘到一家保健品公司去当推销员。没干多久，保健品就不行了。这时有个朋友拉他去一家营销策划公司，月薪还不错，于是他第二天就去上班了。

一次大学同学搞聚会，他碰到了以前的一个老同学，这个同学开了一家贸易公司，从南方倒腾一批热门小商品到所在的城市卖，短短几年，居然发展得很不错，"钱"景看好，正需要帮手。小周毫不犹豫地加盟了他的同学的贸易公司。半年以后，公司生意转淡，他又去了一家广告公司。没过多久，他又发现广告行业竞争实在是太激烈了，于是他又去了报社当记者……

这样折腾来折腾去，虽说赚到了一些小钱，物质生活也得到了一些改善，但每每静下心来，尤其是夜深人静的时候，他常常怅然而失，觉得自己这么多年来一事无成，总找不到做事业的感觉。

在灯红酒绿下，在行色匆匆中，在激烈竞争下，在残酷淘汰中，在物价上涨工资不变下，在欺骗隐瞒人心不古中，很多人都觉得这个社会

越来越浮躁了。

其实，吃得饱穿得暖的我们，要意识到这就是幸福；想到我们至少还有一份工作，要意识到这就是幸福；想到我们身体健康家庭和谐，要意识到这就是幸福；想到我们还有一起走过的朋友、关爱至亲的家人，要意识到这就是幸福。

我们之所以忧郁，彷徨，悲伤，之所以会不知足，不放下，不自知，就是因为太过浮躁。我们渴望构建一个最美好的生活框架，但是最美好的生活并不来源于其他外物，而是来自我们心中的体验。

繁华中的诱惑，无一处不毒侵灵魂；生活的重担，无一处不负载心头；人生的风雨，无一处不袭落心口。浮躁是一把锐利的小刀，切不断人生的浮华虚无，却刀刀都刻画出心灵的伤痕。我们需要克制自己的欲望，需要退避俗世的纷争，需要隔离是是非非的恩怨，需要放下那反反复复的得失，只有这样，我们才是心灵的拯救者，才是幸福人生的救赎者。

心灵悄悄话
XIN LING QIAO QIAO HUA >>>

浮躁总是让生活很受伤。陶渊明伤不起，所以毅然回到了故里田园；林逋伤不起，隐入山林与梅鹤生活；梭罗伤不起，干脆躲到了瓦尔登湖畔。

听听我们心底的声音

人生不过是一个似幻似真的梦，花非花、雾非雾，当我们无法辨清真相时，不妨听一听来自心底的那个声音。

作家毕淑敏曾经讲过这样一个故事。某天她得到了一套预测职业选择的表格，结果一位女律师在填表之后得到了一个"卑微"的职位：护林员。这时候，毕淑敏惊奇地看着这个女律师，而对方也恍然想起那个自以为早已放下的梦——在几乎与世隔绝的大森林里生活。

面对这张表格，女律师沉睡多年的向往再一次被激活起来，她诉说了对城市生活的厌弃，诉说了对名利场上斗争的鄙夷，她真正渴望的是回到安静的大自然中去。毕淑敏被她天真而质朴的想法感动了，于是开玩笑问她何时回去。女律师却无奈地摇摇头：太忙了，怕是只能让灵魂去守护那片梦想中的森林了。

王尔德说："我不想谋生，我想生活。"然而我们中的多数人都未曾真正地生活，只是单纯地谋生而已。因为真正的生活应该是从属于自己的心灵的，而不是为了活着而生活。我们常常违心地活在并不快乐的生活中，我们常常只是一个可怜的迷失者，可悲的是我们有时根本不知道自己已经迷失，更可悲的是明明知道自己已经迷失却仍旧无能为力地继续。

有一个年轻人的工作是父亲安排好的，上班已经有十年了，但这十

年来，他就没有真正快乐过，每天上班都是在熬时间。他喜欢摄影，可父母不支持，十年里他一直压抑着自己过生活。他觉得自己什么都荒废了，非常痛苦，好像有双重人格，在人前是一个样，夜深人静面对灵魂时又是一个样。他想变得快乐，但这太难了。他对自己的妻子说："我想出去闯闯。"他的妻子回答："你算了吧，爸爸同事的儿子不是这个长就是那个长的，你还是当你的主任吧！"他不甘心，心想：难道我就这样过一生吗？自己今年三十四岁了，等四十岁一过，还有什么劲头追求新生活呢？与其这样违心地作践自己，还不如死了一了百了；但考虑到孩子，不能这样消极。就这样他身心疲惫，每天都活在自我折磨中。

他的朋友了解到他的痛苦后，安慰他说："人一辈子只能活一次，若按照别人的心意活，自己人生的意义又在哪？你不一定要和现在的生活彻底决裂，毕竟现有的工作是物质基础，没有了这个基础一切都无法实现。摄影可以成为工作之余的爱好，利用假期和双休日，用你的眼和心，去发现、捕捉美，因为摄影就是这样一项工作。至于快乐，自己找吧，知足者常乐！快乐是一天，不快乐也是一天，为什么不天天快乐呢？"

什么才是该过的生活呢？这并没有固定的标准，但我们的确总是习惯于生活在别人的指引中，喜欢"随大溜"。在人生的抉择中，我们轻易就忽略了这样一个真相：真理永远掌握在少数人手中。其实，生活并不缺少飞翔的翅膀，只不过我们常常更愿意漫无目的地随风飘荡。其实人生总是需要自己的方向，我们喜欢追逐那扬尘的地方，所以才会迷失方向。

我们常常看着道路去走，自以为人生的道路很直很宽，自以为走得很直很正，就像沙漠中的旅行者一样。当我们回头看自己留下的足迹时，却总是发现自己在不经意间走上了歧途，甚至又回到了原点。

生活中总是弥漫着一层薄雾，影响着我们作出正确的判断。我们常常被生活所诱惑，常常被别人的想法所干扰，又总是因为外界而改变自

己，然而人生之所以会误入歧途，只是因为没有遵照自己内心的意愿去生活。世间的繁华嘈杂会让我们失去方向感，生活中又存在一个又一个的假象，诱惑着我们一步步走向错误的地方。

美国探险家约翰·戈达德曾经给自己的生活定下了一百二十七个宏伟志愿；四十四岁的时候，他历经艰险顺利完成了其中的一百零六项。然而即便这样也已经非同寻常了。人们惊讶于他是如何完成这些"不可能"完成的任务，又是如何坚持下去的，而他的回答很简单："我只是听从心灵的召唤而已。"

生活不仅对我们说谎，也常常迫使我们对自己撒谎。但是我们的内心却从来都不会欺骗我们，只有它知道我们真正需要什么，只有它知道哪里才是正确的方向。真正懂得生活的人，首先知道把握世界的真相，而真相其实就在心中。一个会聆听自己心声的人，自然也就听懂了整个世界。

心灵悄悄话
XIN LING QIAO QIAO HUA >>>

当喧嚣如潮水般退隐，当浮华似尘埃般落定，当内心最深处的声音在淡然中响起，我们才能更好地把握生活的脉搏和节奏，才能掌控人生前进的方向。

活着不要太较劲

活着，不要去跟身体较劲，不要跟内心较劲，也不要跟自然、生活较劲，顺应自己的天性和生活的法则，内心才能真正达到和谐与快乐的境界。

台湾作家林清玄年轻时曾经有一个相恋五年的女友，然而某一天，女友突然向他提出了分手，他为此非常担忧和苦恼，甚至想跪在咖啡厅里求得女友的回心转意，但是女友的决绝让他彻底心灰意懒。想起过去经历的种种，林清玄悲郁不已，须发也开始脱落，甚至开始想到要以自杀来寻求解脱。

他制订了一个很唯美的自杀计划，设想着在美丽而忧伤的晚霞里跳海，然而一位和尚最终阻止了他，经过一番点化，林清玄渐渐意识到自己的执着实在毫无意义，于是幡然醒悟过来。数年后，他的另一位女友再一次提出分手，林清玄这次显得很平静，淡淡地对女友说："只想请你等一下，等我喝完这杯茶。"

人生中，那些错过了的、失去了的、抓不住的、不曾拥有的、想拥有而不能拥有的，我们未曾拿起，却也未曾放下。才华无处施展的愤懑，努力付之东流的不甘，爱情不断远离的无奈，人生总是有许多东西似乎注定了要从指缝间悄悄溜走：时间、青春、名利、爱情。我们未曾抓住，所以痛苦。然而更痛苦的是过多的执着和计较。

人生不应去强求，也无须去执着。不属于自己的，取来了也无用；

属于自己的，也不必苦苦追求。该放手的要及时放手，该远走的莫去强留。须知天下无不散之宴席，从来聚散不由人；须知英雄也会迟暮，壮志也会难酬；须知人生不如意十之八九，顺势只得一二；须知爱是五百次擦肩换回的一次回眸，也是前世修成的正果。世事如此，我们需要活得更坦然一些，尽量抛却是非心、得失心、分别心和执着心。

"有缘即住无缘去，一任清风送白云。"人生何必计较风消云逝呢？求而得之会是一种缘，求而不得也是一种缘，所以徐志摩说："得之，我幸；失之，我命。"人生原本就应该洒脱一些，看淡世事浮沉，看淡缘生缘灭。其实，世事有如白云苍狗，生活时刻都处在变动之中，如果一一计较起来，人生岂不是活得很累？来是一场缘，去也是一场缘；动是缘，静也是缘。我们所能做的就是随缘。

万事随缘，不必强求，是思想境界的升华。

不论做什么事情，要有一个非常细致的权衡，在周密的思考下去决定行动的方向。随缘讲的是一个高深的境界，是以不违背事物的客观发展规律为基础的。有的事情可以做，有的事情即使是你付出毕生的努力也不可能成功。所以像这种不能成功的事情就不要去强求。随缘并不是简单的随遇而安，而是一种平和的心态、一种做事情的态度，而不是欲望和名利。抛却了与名利的争斗就会离事情的本质更近，离成功更近。只不过这样的成功是建立在平和的付出的基础上。

无论遇到什么问题，都不要强求太多。如果是情感问题，只需要好好地珍惜对方；如果是学业问题，只需要坚持努力学习，什么都不要多想，好好干就对了。有句话是这样说的：如果你不想做一件事，那么你可能找到一千甚至一万个理由去推迟此事；但如果你真想做一件事，那么你只需要一个理由就够了，就是我一定要去做，是一定而不是可能！

正所谓"随缘自适，烦恼即去"，很多时候，只不过是过于计较人生，才会遭逢苦痛。只要坦然地看开和放下，万事随缘而动，随缘而止。那么生活也就相对轻松许多了。人本是人，不必刻意去做人；世本为世，何须计较处事。真正的有缘人，不过是懂得适时随缘罢了。

"缘"分开了两个世界，一个属于你，另一个属于别人。你跳不出自己的世界，也挤不进别人的世界。与生活较劲，追求那些不属于自己的东西，只会带来痛苦。《菜根谭》上说："万事皆缘，随遇而安。"一个人只有随缘行事，才能找到自己的人生，也才会逃离彼岸世界那些原本并不属于你的痛苦，即是所谓的"随缘素位"。安然接受缘的牵引，心明照缘处，人生自当水到渠成。

大文豪苏东坡说："人生到处知何似，恰似飞鸿踏雪泥。泥上偶然留指爪，鸿飞哪复计东西。"既然人生未知归于何处，又何必费神劳力地计较呢？不妨放开胸怀，一切随缘，像庄子一样来一场人生的逍遥游——人生如雾亦如梦，缘起缘落还自在。

世事匆匆如花开花谢一般，不过是"枯萎的任它枯萎，繁荣的让它繁荣"。我们仿佛是浮世里的一粒微尘，在礴大的天地中何其渺小，在人世的宿缘中何其微茫。生活计较不得，更无须去计较，且不如从心而入，随缘而出。

心灵悄悄话
XIN LING QIAO QIAO HUA >>>

任何事都是以自己的出发点去想的，所以你想保持良好的心态，唯一可行的办法是怀着感恩的心去看世界，用心去看世界，不计较得失，学会发现身边所有令人感动的事情！

不要让心灵蒙太多的尘埃

世上本无事，庸人自扰之。生活本没有诱惑，没有得失，没有烦恼，没有是非恩怨，不过是世俗人心中的一点儿挂怀。我们掸不尽红尘的土，是心中蒙了太多的尘，正如玻璃窗上的斑点一样，外面的世界一直都澄明透亮，但我们透了窗户去看，却总是劣迹斑斑。

当一只玻璃杯中装满牛奶的时候，人们会说"这是牛奶"；当改装菜油的时候，人们会说"这是菜油"。只有当杯子空置时，人们才看到杯子，说"这是一只杯子"。我们经常在心中装满成见、财富和权势，就会迷失了自我，忘记了自己的初心。我们往往热衷于拥有很多，却往往难以真正地拥有自己。

生活亦是如此，它往往随着我们心里的"装载"变幻着模样。我们低沉失落，生活就变成了小气的"葛朗台"，对我们的一丁点儿索求都不肯满足；我们信心满怀，生活就变成了大方的圣诞老人，似乎对我们有求必应。我们开心，生活也笑；我们痛苦，生活也哭。生活一直是原本的样子，改变的只是我们的心而已。那些数不清的烦恼、道不尽的忧愁，还有那人生的得失之惑、生活的顺逆之交都不过是心灵虚构出的幻影。世界何曾增减一分，人生何曾得失寸步？烦恼也不过是心中的烦恼，诱惑不过是心中的诱惑。

两个不如意的年轻人，一起去拜望师父："师父，我们在办公室被欺负，太痛苦了，我们是不是该辞掉工作？"两个人一起问。

师父闭着眼睛，隔半天，吐出五个字："不过一碗饭。"就挥手，

示意年轻人退下了。

才回到公司，一个人就递上辞呈，回家种田，另一个却继续留在了公司。

日子真快，转眼十年过去了。回家种田的以现代方法经营，加上品种改良，居然成了农业专家。另一个留在公司的，忍着气，努力学，总算做到了经理的职位，可人也苍老憔悴了很多。

一天，两个人遇到了。

"奇怪，师父给我们'不过一碗饭'这五个字，我一听就懂了。不过一碗饭嘛，何必死守在公司？所以辞职了。"农业专家接着问另一个人，"你当时为何没听师父的话呢？"

"我听了啊。"那经理道，"师父说'不过一碗饭'，多受气，多受累，我想不过为了混碗饭吃，老板说什么是什么，少赌气，少计较，就成了。师父不是这个意思吗？"

两个人又去拜望师父，师父已经很老了，仍然闭着眼睛，隔半天，答了五个字——"不过一念间"，然后挥挥手。

生活中的很多选择，很多时候都只是一念之间的事，但结果却可能大相径庭。所以，要想将来不后悔，不怨恨，就只有在那一念间慎重考虑，仔细思量。

生活总有那无法抗拒的诱惑，总有那无法平衡的得失，总有那难以清除的伤害，我们习惯于把所有的罪孽归结为世间的种种浮华，把内心的不安塞责为社会的轻浮躁动，把所有的忧伤都归罪于世界的不公，然而生活的浮躁喧哗之中，真正能对自己造成伤害的只是我们的内心。心浮气躁的人，自然容易被卷入到尘世的漩涡之中，苦苦挣扎，难以自拔。"青山原无老，为雪白头；绿水本无忧，为风面皱。"我们太容易被外物影响，然而我们之所以被世俗蒙蔽，是因为心中一直装着世俗。心静了，自当青山依旧，绿水无忧。

面对这个纷繁复杂的世界，我们需要更加淡定一些。想要逃离世界

的牵扯，想要保持生活的宁静，就需要拥有一颗淡定的心，任世界如何的浮嚣纷扰，也绝对不会影响到内心的安静平和。

我们渴望擦拭心中的灰尘，渴望得到哪怕片刻的安宁，然而我们常常选择错误的对象。其实真正值得擦拭的该是内心，而不是尘土。心中无尘，世间便无尘，试问生活又何须拂拭？倘若心真的淡定了，诸物皆不入心境心念，何来诱惑，又何生烦恼；倘若心真的淡定了，世间法相都已了然成空，无物也无尘，既然什么都没有，也就不用去执着什么了。

人之所以无法摆脱俗世的喧嚣和困扰，是因为心中无法做到空无一物，悟不出人生"空"的智慧，所以往往将自己束缚在尘世烦恼之中。

心灵悄悄话
XIN LING QIAO QIAO HUA >>>

世界万物原本为空，如果以实有之心来对待，那么必然会产生诱惑和执着；如果心里足够空，那么就没有什么能够在心中留痕。

超越生命的境界

我们的生活常常过得太过卑微，为生计而忙碌奔波，为理想而艰苦奋斗。无论是生活所迫还是雄心勃勃，很多时候，我们只不过是一个斗志昂扬且不知疲倦的劳动者。

生命有三重境界：第一类是为别人而生存着的人，他们是别人的附属品；第二类是把自己的生活当作生存看待的人，他们是尘世的附属品；第三类是懂得生活的人，他们是浮世的超脱者。

在大多数情况下，我们只是前两重生命境界的实践者，无论得到了多少，成就了多少，无论生活过得如何快乐开心、如何让人感到知足，生命也不过是浮世中喧哗的一个分子，始终都逃不脱浮华的牵绊和干扰。我们何曾为自己而活，我们是否知道自己生活的目的到底是为了什么，我们最终得到了什么，最终又享受到了什么？

"为自己而活"，这是一个小得不能再小、卑微到不能再卑微的请求，然而试问有几人能够满足这样一个卑微的要求，谁人又曾践行这样一个渺小的生活目标？为了个人财富而奋斗、为了人生的理想而奋斗，为了改造整个世界而奋斗，多数时候，我们只是浮躁人群中一个盲从的点，只是熙熙攘攘中一个存在于生存层面的社会人。人生当有那么一刻，无论有多么卑微，无论是多么有限，也要为自己而活。

作家王安忆就是这样一个人，在众人眼里，她特立独行，一直寂寞地探索属于自己的文字世界。她对文学时尚、媒体喧嚣冷静断然的处理方式，让很多人惊讶和钦佩不已。她获得过茅盾文学奖，已经功成名

就。可是她却像个安静的农人，专注而平静地投入到她的写作中，外界的喧哗丝毫影响不了她寂静沉潜的心，一部又一部佳作就在这种沉静的状态中破茧而出。她说："对文学，我看得很神圣，有了这样一种对文学的心境，别的什么都可以解决了。而且我对写作的环境要求很低，只要有个能写的地方就可以了。""我喜欢用手写，写在练习簿上，我不用电脑。我用的都是常用字，上过初中的人就可以读。一般在家，我就上午写作，下午看书。如果隔壁有人家在装修，很吵的话，就会去附近的一家咖啡馆写。"

其实这样的境界就是不浮躁，是"千磨万击还坚劲，任尔东西南北风"的慨然和坚定，是面对各种诱惑和潮流岿然不动的强大内心。

生活要过得更加从容一些，人生也需要更自然坦荡一些。浮躁的人走不出浮华，也走不进真正属于自己的生活。淡定的人生是属于自己的，是独立于世事之外的，它只服务于自己的生活，只服务于自己的幸福，而不仅仅是浮华中那一点儿无意义的陪衬。我们无须把幸福的感受建立在外界的刺激上，无须把人生的成就建立在俗世的认同上。开心时不必活在繁华的虚无缥缈中，悲苦时也无须活在失意落寞的阴影里。

真正懂得控制生命节奏、把握生命意义的人，总是能够及时找回内心的宁静。安详宁静，这是我们生命最原本的形态。内心清净的人，哪怕一无所有也能体味到生活的真诚与幸福，因为他们了解生命最需要的是什么，了解了生命的全部意义所在。

能够保持宠辱不惊、心平气和、永远向上生活的人，就是成功人士。沉静的人是自信的，而这自信不是年轻气盛，遇事张扬，自以为是，而是多了一些泰然处之，多了一分坦然和宁静。

只要我们能够克服浮躁，沉下心、沉住气，竭尽全力去付出，回报的一定是成功。请相信：立足之地，深挖下去，必将有清泉涌出。

生命的有无、高低、尊卑、幸与不幸，并不在于人世生活的状态，不在于世俗中的执有之物有多少，而在于内心的淡定。心静的人往往超

脱了一切，也就拥有了一切。

我们习惯了用黄金来铸造一个生活的梦工场，然而生活并不需要借助黄金来修饰内在的质量和重量，沉甸甸的黄金只能凸显出生活的轻浮和卑微；我们习惯了用宝石去镶嵌望月的窗台，然而生活的乐趣原本在于安然地享受望月带来的欢愉，而不是抚摸窗台宝石的那一份自足自得，在宝石耀眼的光华中，月亮终究不能踏入窗台一步。

境界不一样，人生的体验自然也就不一样。浮躁的人看到了世间的浮华，却看不透生命的本质。其实，人生是为了寻找到最真实的自我，而不是寻找能够映照自己的一面镜子。很多人都在辛辛苦苦地照镜子，却不知道如何去找到自己。

心灵悄悄话
XIN LING QIAO QIAO HUA >>>

人生只此一次机会，浪费掉了便不再有，不会有轮回，也不能再重来。如果人生被涂抹得色彩斑斓、挥毫万千，却仍不能称之为画，不过是一幅毫无水准且苍白无力的涂鸦作品。但是，若能静而处之，人生只需点墨也可成就意境丰满的佳品。

心若安好，便是晴天

世上多有淤泥，那便做高洁的莲花；世上多飘风雨，那便隐入草庐；世上多是诱惑，那便静坐定心。天上下雨，心中自有那无雨的地方；路上有泥，心中自有那无泥的路。把世界放在心外，那些纷繁复杂终究也不过是身外之事。

一个常年赌博的人被逮捕后，警察对他进行教育改造，谁知这个赌徒一脸满不在乎的样子，对警察的好言相劝无动于衷。警察告诉他赌博并没有什么好处，不如找点其他的事做。赌徒叹息许久，无奈地说："我的父亲是赌棍，我的母亲也嗜赌如命，我的兄弟姐妹们个个都喜欢赌博，我想要找份正儿八经的工作，才发现，除了赌博，我什么都不会。"

在人生的喧嚣与浮躁中，我们可能很容易被俗世腐蚀。吸毒的人大多是受了教唆和影响，犯罪的人可能是碍于环境的逼迫，赌博的是因为聚众所染的恶习，炒股的人跟风而行，传销的一传多带。环境教会了我们如何生存，而我们轻易就陷入生活的陷阱，轻易就成了浮躁社会的另一个牺牲品。

然而不要埋怨外面的世界有多喧嚣纷扰，不要抱怨现实社会有多少浮华的诱惑，不要憎恨尘世里吹扬起的风沙漫天，生活之所以会欺骗和伤害你，只是因为你没有做好充分的防备。真正要防备的不是生活，而是自己。其实，只要关上心灵的窗户，就一定能够守住我们内心的宁静

和安详。任它繁花似锦，任它风吹雨打，任它世事浮沉，我们只要守住自己的心性，自然不会被繁华带走，不会被浮世诱惑，不会被喧嚣淹没。

孟子说："事，孰为大？事亲为大。守，孰为大？守身为大。"而守身的关键在于守心，无论外界怎么样，一定要保持平心静气，安然地守住自己的心灵，不要让世界的纷杂影响自己的生活，不要让世界的浮躁轻易地占领我们的心灵。生活总有一个真相，它往往藏在静心处，古人说："静中念虑澄澈，见心之真体；闲中气象从容，识心之真机；淡中意趣冲夷，得心之真味。"一个人守住了这份淡定，那么生命的意义和价值也就能够得到保障。

虽然我们无法在心情烦躁时都去驾驶飞机飞向高空，但是我们可以运用积极思想提高心灵境界，超越世俗纷扰。你的心境愈高，就愈不容易受外界影响，别人和你相处，也越感到高兴。所以，你应该让自己随时保持超凡脱俗的心境。

赫伯特·胡佛是美国历史上最受人尊敬的人物之一。有人向他提了这样一个问题："你一度成为美国人批评的中心人物，几乎所有的人都反对你，对你的言行举止嗤之以鼻。但是现在你是美国政界的元老，两大政党的人都对你十分尊敬。当你广受大家争议时，你有没有感到生气，进而扰乱你的目标？"

"每个人一生都需运用自己的头脑。当我决定从政时，我已仔细思考过从政对我意味着什么。我已掂量过将付出的代价。

"我清楚地知道我将遇到最尖锐的批评。尽管这样，我仍决定走上从政之路。所以，当我碰到尖刻的批评时一点也不感到惊讶。我早已预料会有这种事，果真不假。这样，我能够平静地面对批评。"

当别人与你意见不一致或批评你时，无论如何，请尽量以你的表情、眼神和行动表明你爱他。身处于浊世，我们当如莲花一般自持自

重，坚守自己高洁的内心。心静之人定然不被浮尘所缚，因为心中无尘，即便在滚滚红尘里走上一遭，又何处能够沾染风尘？人生当安守自己的心性。哲人说："世界上有许多好的东西，然而我并不留恋动心，因为自己心中已经有了好的东西；世界上也有许多不好的东西，然而我也不悲观动气，因为我心中尚有好的东西。"

"结庐在人境，而无车马喧。问君何能尔，心远地自偏。"安守静心的人，总是能够在茫茫俗世之外找寻到与世无争的清静之地，总是能够及时逃离和规避世俗的纷扰，他们于浮华中克制自己的欲望，于喧嚣中坚守心中的沉静，于芜杂变幻处保持一份从容和淡定。人生就应该如此，不要总是去在乎生活会带来什么，又会留下什么，而应该看看自己给自己留下了什么。人生在世有一份静心足矣，生活便不会再带走什么。

既然骑在了人生的单车上，就不要抱怨大风推着你前进；既然站在了人生的天平上，就不要抱怨世界让你的人生失衡；既然走在了人生的道路上，就不要抱怨路的坎坷让你颠沛流离、迷失方向。我们要知道，风永远吹不着那些记得关上窗子的人。生活固然可以轻易去改变一个人，但是这种改变绝对不是一个借口。生活不曾主动去改造你，而是我们常常经受不住它的诱惑。

心灵悄悄话
XIN LING QIAO QIAO HUA >>>

一切繁华的背后，必然是一颗颠沛流离且散乱空虚的心。一颗静心的背后，则是一个清静淡定的世界。心若安好，便是晴天。

静下心来，倾听世界的声音

我们是否在寂静的初晨，听见窗外的雨声淅沥；是否在安宁的山冈，听见山间的松涛阵阵；是否在午夜梦回的时候，听见沙漏里轻轻流动的响声：这就是生命的留声，最真切，最自然，也最感人。

她是个小小的女孩，自父母离异以来，一直和父亲住在一起，但是因为父亲的工作非常忙，根本没有多少闲暇时间来陪她玩耍，甚至连说上两句话也很难。因此小女孩总是一个人趴在窗台上发呆。父亲当然也注意到了这一点，不过他也确实无暇将此放在心上。

某一天，她跑到父亲书房里唤父亲出去听鸟叫，可父亲忙得抽不出身。父亲觉得把时间浪费在这样毫无意义的事情上面，实在非常可惜，于是拒绝了她的请求。她哭闹着哀求父亲，但忙碌的父亲更加烦躁了，说她已经长大了，可以自己照顾好自己了，要做个懂事的乖孩子。小女孩委屈地离开了书房，之后一连好几天，小女孩也没有再去打扰父亲。

其实父亲也心疼女儿，但是如果不努力工作，又怎么能够给她很好的生活呢？这一天，他检查女儿的作业本，发现一页上写着寥寥的几句话："爸爸，您为什么没时间和我说说话呢？我很伤心。您为什么不愿意听听小鸟的叫声呢？小鸟也会伤心的。"女儿那稚嫩的文字像一把温柔的刀子，刺痛了他那颗忙碌了太久的心灵。

我们总是如此，不愿意静下心来倾听别人说了些什么。我们习惯在喧嚣浮躁中大声呼喊和喧哗，习惯在人群中各抒己见，以证明自己的存

在。其实很多时候，倾听才是证明自己存在最好的办法。每个人都渴望世界能听见自己的声音，希望自己才是人群的焦点，是人生舞台上的演讲者，而不愿意成为别人的听众，做一个衬托者。

更多的时候，我们还是一个十足的社会人，每天都全身心地投入到那做不完的工作中去，每天都为着生活四处奔波，每天都为着生计辗转踌躇，以至于根本不会想到要静下心来听一听世界的声音。我们总是认为自己没有足够的时间去端上一杯茶坐在窗台听风听雨听世界，没有时间在夜空下听星月的私语，没有时间在林间听鸟叫虫鸣。人生不是没有时间，而是我们根本不愿意把时间"浪费"在倾听上。烦琐的生活迫使人生轻易就走向浮躁，迫使我们与自然渐行渐远。我们不愿意静下心来听一听大自然最真实的声音，不愿意让自己有一个更加特殊的交流环境，不愿意让自己的内心接受澄明境界的洗练。

有位生物学家在研究睡莲时，告诉自己的实习生说，睡莲十分娇柔，总是于无声无息中绽放。结果有个来自山村的学生对他的说法进行了更正，学生认为自己曾经听到过睡莲开花发出的声音。生物学家认为这不可能，而其他同学则认为这个乡村同学丰富的想象力值得赞赏，但是若以一种科学严谨的态度来说，无疑是一个可笑的低级错误。

这个同学却一直努力辩解自己真的听到过睡莲花开的声音。他的执着引起了生物学家的注意，生物学家于是决定进行一次试验。他拿着含苞待放的睡莲来到一个安静的地方，然后屏住呼吸，细心倾听；结果等到睡莲花开放的时候，他当真听到了"叭、叭、叭"的轻微声响，此时他才知道自己竟然差点在浮躁中遗失了真理。

《菜根谭》中说："林间松韵，石上泉声，静里听来，识天地自然鸣佩。"这是寂静淡然中与天地自然的一种心灵交流，也是生活中的一种意趣。一个人浮躁地追求自我的成功，在众生的仰望中纵横人生，然而是否也时常会感觉到世界的冷漠？是否感觉到与日俱增的孤独？是否

感觉到心灵上日渐积淀沾染的沉重？

每个人都积极努力地提升自己的社会发言权，然而生命其实无须赘述，我们也不必介意当一个忠实的听众，当一个别人的世界的听众。其实最有智慧的人，是最懂得聆听的人。人生智慧的生成往往是由听得来的，因为善于聆听的人总是能够静下心来体验世界和人生的真谛，于寂静中品味出生活的全部真相。浮躁的人喜欢诉说，而且只是带着嘴巴去说而已，但是倾听往往能够激起心灵深处最直接的共鸣。

生活不是与自然隔膜得太深，而是我们在浮嚣的社会中陷得太深。我们习惯了灯火阑珊处的浮华，习惯了车水马龙中的喧嚣，也习惯了市井繁华里的聒噪。我们习惯了在浮躁的社会环境里与别人一同共鸣，然而生活的真谛正现于心与自然交流的所得，倾听中能够察觉人情冷暖，能够洞悉人间百态，能够感知人生的余味悠扬。人生或许应该像煮茶一样，历经沸腾与浮躁，历经翻滚和浮沉，最终也还是要归于恬淡和宁静，只散发着一缕缕的清幽淡香，让人回味静享。

人生要更加淡定平和一些，从自然中而来，也当回归到自然中去，于尘世之外聆听天籁，于浮躁之外倾听静谧。纵情山水之间，才能忘情于山水之间；倾听山水土石、草木虫鱼，才能忘却尘世的种种烦恼，回归到最初的宁静中去。

心灵悄悄话
XIN LING QIAO QIAO HUA >>>

告别尘世喧嚣的我们并不是为了寻求人生的极致，而是为了找回最真实的生活和最真实的自己。所以漫漫人生路上，当听得一夜的雨，来洗尽一世的尘心。

做自己人生的主角

人生如一本厚重的书，扉页是我们的梦想，目录是我们的脚印，内容是我们的精彩，后记是我们的回望。有些书是没有主角的，因为我们忽视了自我；有些书是没有线索的，因为我们迷失了自我；有些书是没有内容的，因为我们埋没了自我……唯有把自己当成主角，我们才能写出属于自己的东西。

张爱玲说："生命是一袭华美的袍，爬满了虱子。"外表的光鲜并不代表内在就是幸福的。每个人都有不为人知的苦楚，甚至有人刻意戴着面具生活，但是无论外在是如何的坚强、如何的成功，一个人内心的脆弱往往很难被掩饰住。我们终究逃不开内心的纠葛，所以当我们回望自己的人生印记时，也许会说："这不是我想要的生活。"

一位著名演员在接受电视台采访时，吐露了出道以来一直未敢道出的心声，宣布了自己即将结束演艺生涯的决定。当时的他正值事业的巅峰期，前途不可限量，此时作出这样的决定未免太过可惜。大家都不愿意相信这样的事实，主持人甚至认为他只是在开玩笑，于是就问道："你为什么会作出这样的决定？"这个演员微微一笑，从容不迫地解释说："因为从今天开始我要为自己而活。"

生活就是一出戏，我们每个人都争着抢着想要成为戏里面的主角，每个人都希望得到别人的掌声，希望成为舞台上独一无二的主角，希望在众人面前展示出色的表演——说着言不由衷的话，做着身不由己的事情，就连一颦一笑也要做到逼真。然而曲终人散，我们的内心是否感到一丝孤寂和落寞？我们是否从未得到应有的快乐？我们是否真正希望自

己成为这样一个角色？人很容易淹没在别人的掌声里，诱惑或者激励、惶惑抑或迷失。每个人都在生活的舞台上参演了一个角色，然而故事剧本的发展从来都不由人决定。

有一位女子，出身于一个平常的家庭，做一份平常的工作，嫁了一个平常的丈夫，有一个平常的家。总之，她十分平常。

忽然有一天，报纸大张旗鼓地招聘一名特型演员演王妃。她的一位好心朋友替她寄去一张应聘照片，没想到，这个平常的女子从此开始了她的"王妃"生涯。

一开始，是想象不到的艰难。她阅读了许多有关王妃的书，她细心地揣摩王妃的每一缕心事，她一再重复王妃的一颦一笑、一言一行。

不像，不像，这不像，那也不像！导演、摄影师无比挑剔，一次又一次让她重来……

而现在，平常女子已能驾轻就熟地扮演王妃了，进入角色已无须费多少时间。糟糕的是，现在她要想回复到那个平常的自己却非常困难，有时要整整折腾一个晚上。每天早晨醒来，她必须一再提醒自己"我是谁"，以防止毫无来由地对人颐指气使；在与善良的丈夫和活泼的女儿相处时，她必须一再告诫自己"我是谁"，以避免莫名其妙地对他们喜怒无常。

平常女子深感痛苦地对人说：一个享受过优厚待遇和至高尊崇的人，回复平常实在是太难了。

说这话时，她仍然像个王妃。

人生纵使精彩万分，让人羡慕不已，然而事实上我们从来都是为别人而演出，都是为了别人的掌声而表演。而我们自己真正渴望的是怎样的生活呢？什么才是真正适合我们且被需要的生活呢？静下心来想一想，我们太过执着地沉迷在一时的成功里，太过在乎别人的眼光，过着不是自己想要得到的生活。每个人心中都会有一个最真实的梦想，这一

份纯真的渴望，也许才是生命价值和意义的所在，但是我们太容易将它遗忘，轻而易举就将它放弃掉。

我们往往习惯于出现在别人的世界里，生活在别人的构想中，站在别人的舞台上，接受别人的掌声，然而很多时候，那只是一个廉价的肯定和鼓舞。我们不要仅仅只为了在别人面前证明自己，更应该在人生的舞台上证明给自己看。人生的表演再精彩迷人，也只是演了一场不真实的戏而已。生活需要我们去演绎自己的人生，我们应当为自己鼓上一次掌，应该当一回自己的听众，应该痛痛快快地为自己表演一场。

人生不要总是为了迎合别人的需要而生活。事实上，想要给予别人快乐并不难，但是想要满足自己的快乐需求却并不那么容易。大多数时候，我们都是活在别人的期望之中，然而一个人存在的意义首先是自我价值的实现。兰花生于幽谷，不是为了别人的欣赏的目光而活，而是自在地享受生命的成长过程。它知道自己最需要的是什么。它只在偏僻无人处自在地为自己而活，为自己想要过的生活而活。

心灵悄悄话
XIN LING QIAO QIAO HUA >>>

真正幸福的人生应该是过自己想要过的生活，是遵从着内心的意愿去生活。生活的幸福正在于活出自己人生的滋味，而不是让别人感觉到你的人生很有滋味。记住，在你的人生里，只有你自己，是唯一的主角。

第七篇 >>>
名利皆浮云

　　白岩松说:"我已不太敢说'忙',因为,心一旦死了,奔波又有何意义?"他又说:"生命原本脆弱,我们只能坚强地活着并寻找欢乐。"人人都渴望成功,但是成功并不是人生的唯一目标,人为财死的例子不胜枚举,要经得起诱惑、耐得住寂寞,只要努力了,得失随缘,随遇而安,平凡也是种幸福,懂得幸福内涵的人才是活得最自在的人。

　　善于抓住幸福的人才懂得什么是幸福。经过岁月的流年以后,才明白,幸福其实很简单,只要心灵有所满足、有所慰藉就是幸福。

幸福是一种心态

什么样的生活才是幸福的生活呢？其实，幸福只是一种心态。你感到幸福，生活便是幸福无比；你感到痛苦，生活便痛苦不堪。同是一片天，有人抬头看见的是阴沉沉的乌云，有人却可以透过云层感受那无边无际的蓝天。幸福只与内心有关。

多数人都喜欢将名利作为幸福人生的要素，然而名利和幸福真的能够画上等号吗？美国一所大学曾经对大学里已经就业了的学生做过一项幸福调查。在众多功成名就的人士当中，许多人尽管名利双收，社会地位崇高，但是生活却一直过得不如意。他们觉得自己的生活毫无意义可言，反而羡慕那些生活条件不如自己的人。

何为幸福？这是一个仁者见仁、智者见智的问题。但是真正的幸福应该是内心的舒畅和喜悦，是内心的满足，而不是单纯的感官和物质的享受。用金钱和名誉堆砌起来的幸福往往是卑微的，也是不真实的。有人一心想要嫁入豪门，结果往往是豪门梦碎，婚姻也是惨淡收场；有人认为功成名就即可以享受到人生所有的快乐，可是真的成功后，却发现原来自己还是那么孤单无助；有人认为只要自己有了钱和地位，自己想要什么就可以得到什么，到头来却发现自己除了钱，还是一无所有。

你可以很富有，可以拥有物质上的一切，但终究填补不了内心的空虚，你可以被众人顶礼膜拜，但却仍是觉得孤单；你可以翻手为云，覆手为雨，但却得不到自己最想要的东西。名利可以改变一个人的外表、装饰、身份、形象、地位，可以改变世界上所有人对自己的看法，但是改变不了内心不幸福的事实，改变不了对自己不认可的感觉。

有个人一心一意想升官发财，可是从年轻熬到白发，却还只是个小公务员。这个人为此极不快乐，每次想起来就掉泪，有一天竟然号啕大哭起来。办公室有个新来的年轻人觉得很奇怪，便问他到底因为什么难过。他说："我怎么不难过？年轻的时候，我的上司爱好文学，我便学着作诗、写文章，想不到刚觉得有点小成绩了，却又换了一位爱好科学的上司。我赶紧又改学数学，研究物理，不料上司嫌我学历太浅，不够老成，还是不重用我。后来换了现在这位上司，我自认文武兼备，但人也老成了，上司喜欢青年才俊，我……眼看着年龄大了，就要退休了，一事无成，怎么不难过？"

我们是否问过自己真正需要什么，幸福的内涵又是什么？我们为什么要追求名利，自己又能从名利中得到多少满足？名利确实可以装饰我们的生活，可以让我们成为众人的焦点，可以让我们变得华贵无比，却改变不了我们内心深处的晦暗无光。繁华只是带来了包装幸福的华丽外衣，却不曾带来幸福的本体；所以该寂寞的依然寂寞着，该悲伤的还是要悲伤，得不到的终究未曾得到，想挽留的依然不可挽留。

每个人都希望自己能够得到幸福，但是我们却常常在名利世界中寻找。我们常常习惯性地将物质生活享受当作幸福的第一标准，认为自己一旦富贵加身，名利双收，就一定可以得到人人都羡慕的幸福生活，所以一直努力拼搏，拼命在繁华世界中开辟自己的天地。然而幸福并不一定就在富贵名利之中，也不在别人羡慕的目光中。有时人生就是一个误解：我们死心塌地跟着繁华走，别人又死心塌地跟着我们走，不过幸福却从未跟着繁华走。

人生不需要华丽的装饰，不需要借助名利来提高生命的意义和价值。事实上，名利富贵也提高不了生命的价值，更提升不了幸福感。更多时候，它们只是将我们麻痹了而已，同时也给幸福戴上了一顶冠冕堂皇的帽子。对于幸福，我们常常只是理所当然地认为富贵就是幸福；有权，有势，有钱，有名，就是幸福。它们只是帮助我们找回了观众，却

找不到幸福的方向。

繁华市井、灯红酒绿、香车宝马，给予了我们极大的感官体验，却也徒增了内心的孤独与寂寞。我们之所以要在灯红酒绿中放逐自己，只是因为我们内心太过寂寞无助，想要逃避和掩饰罢了。然而任凭名利带来了多少风光，我们的内心始终都是孤独的。那些无法满足的，我们只有寄托在酒精和名利场之上。繁华不过是一场梦，无论梦境有多么美好，也无法让我们得到自己真正想要的东西。梦醒了，什么也留不下，空余一场盛大的寂寞。

幸福其实很简单，也很容易获得，但是却购买不到。幸福随处可见，而我们却往往可遇不可求。一个人如果将名利看得很重，幸福必然会变得很轻。幸福与名利不仅不能等同，甚至有时候名利向左，而幸福却向右。

心灵悄悄话

XIN LING QIAO QIAO HUA >>>

追求幸福的时候，我们时刻都要铭记这样一点：鲜花浪美，却只能用来装饰我们的窗台，始终都装点不了我们心中的春天。

守住淡泊

真正的淡泊是对自己的人格与情操的冶炼，是在纷扰的尘世中实现物我两忘，得到内心的祥和，也是一种深入的淡定，是对人生的深层领悟，是人生境界的极致。

季羡林说："每个人都在争取一个完满的人生。"然而多数人都会将人生的完满定义成为：成就，富贵，名利。所以人们通常都会用事业成就的大小、人生财富的多少、社会地位的高低作为衡量生命高度、价值和意义的标准，不惜为之辛苦奋斗一生。可人世匆匆，再度回首却发现自己最终没能留下什么，也没能拥有什么。

繁华经不起时间的推敲，它注定要在指间倾泻流年，化不成永远。再美的烟花也不过是一刹那的生命，最终还是成为死寂的尘土；再艳丽的花开，也逃不脱秋落的悲凉；再热闹精彩的舞台，也还是要面对落幕后的寂静无声；再炫目的浮名俗利，最终也抵不过一杯黄土。繁华人生纵使来得再过精彩，也还是去得惨惨淡淡，"旧时王谢堂前燕，飞入寻常百姓家。"人生真若一场梦，可叹浮生易了，繁华易逝。

苏东坡说过一句满含哲理的诗句："人似秋鸿来有信，事如春梦了无痕。"人生一切皆是无常，到头来可能就是一场梦而已。我们渴望富贵长留，渴望名利常在，渴望人生能以富贵而始，以富贵而终，但最终也避免不了要接受一场虚无。张爱玲说："到处都是传奇，可不见得都有这么完美的收场。"我们都追逐这繁华，然而繁华的收场注定了会是落寞和无奈。

人世间的荣华富贵如同三更的梦一样短暂，梦醒了什么也没有；又

如同九月的霜一般，只是薄薄的一层，太阳一出来，霜很快就化了。既然繁华往往会被时间轻易地淘汰冲刷掉，那么我们何必执着于人世浮华，何必执著于世俗的美景呢？

生活总是会欺骗我们的眼睛，诱惑我们去追求那些色彩艳丽富有吸引力的东西，但是当我们辛辛苦苦地抓住并以为可以长期占有时，它却总是无情地离去。人生当淡定一些，不要过于沉迷和执着在繁华之中。人生匆匆数十载，真正能够留下的东西不多，留给自己的更是没有。所有的名利都会是浮云，随风轻逝；富贵也如同流水一般，随着年华岁月的消逝而很快消逝。我们所渴望的、所追求的，往往不过是一场虚无，何不提早看开放下呢？

大才子苏东坡原来是一个翰林大学士，但因为政治原因，朋友都避得远远的。当他历经人生万般劫难后，终于领悟到生活的真正味觉是"淡"。他说："莫听穿林打叶声，何妨吟啸且徐行。竹杖芒鞋轻胜马，谁怕？一蓑烟雨任平生。"所有的味觉都品过了，你才知道淡的精彩，你才知道一碗白稀饭、一块豆腐好像没有味道，可是这个味觉是生命中最深的味觉。

生活中，我们总有太多的抱怨、太多的不平衡、太多的不满足，犹如一个被宠坏的孩子，总是向生活不断索取着。越是拥有，越是担心失去。生活中的很多东西一旦失去，便不容我们找寻。

有时幸福就像手心里的沙，握得越紧，失去得越快；有时幸福就像彼岸的花朵，隐约可见，却无法触摸。没有什么是真正的对与错，更没有太多的仇与恨，何不看淡这一切？或许付出真心的人不一定能换来真心，但是你无须后悔，能够拥有一颗平静的心，未尝不是好事。或许明天还是未知，但这又何妨呢？相信明天不会是最坏的，相信上天对每一个人都很公平。有人说最痛苦的孤独就是繁华；因为它曾经是如此之绚烂，却很快就陷入落寞。繁华是一种人生的负重，一来一回间，最终与

最初，其实并没有什么多大的变化，但是却增加了人世的烦恼——我们担忧得更多了，害怕得也更多了，得失心更重了。《增广贤文》中说："富贵如浮云，觑破了，得亦不喜，失亦不忧。"看破了红尘滚滚，人生处处便皆是淡泊，我们也才能看云卷云舒、花开花落。

人生就是一次沉淀的过程，身外之物总是会被抛弃。名利、富贵、地位都是生活的附属品，迟早都会被一一甩掉丢弃，只有淡泊才是生活中真正不会流失的东西。大浪淘沙始到金，繁华往往就如同沙子一样，被岁月无情地冲走，而能够留下来的却是淡泊的心性。

繁华总是会轻易逝去，想要去守也守不住；唯有淡泊才是人生的沉淀，也才能够留存得更为长远。其实，淡然回望人生，何曾春来似锦，何曾秋去如凉？一切皆同而视之，淡泊人生，世事皆为静水一般，没有什么会得到，也没有什么会失去。

心灵悄悄话
XIN LING QIAO QIAO HUA >>>

淡泊在繁华之后，美丽在沧桑之后，所以"与其车尘马足，高官厚禄，不如行扁舟，赏垂柳，笑看人生一世风流"，这样的幸福才能长留。其实，我们守住了淡泊，也就守住了充实自在的一生。

放下一切妄念，让内心重归平静

南怀瑾说："事在人为是一种积极的人生态度，随遇而安是一种乐观的处世妙方，顺其自然是一种豁达的生存之道，水到渠成是一种高超的入世智慧。"

人人都会有欲望，年轻人渴望名利双收，中年人希望事业有成，但我们都不曾认识自己。虽然人人都想功成名就，希望自己的理想成为现实，但是上天不会给每个人都创造这样的机会。根据二八原则，大约只有百分之二十的人能够成为财富的掌控者，成为名利富贵的实际拥有者。名利总是有限的，不曾富贵的我们何必执着地让自己痛苦。

我们往往想要富贵加身，想要得到强大的权力；我们渴望自己可以拥有想要的一切。不仅如此，我们还希望得到和拥有更多，而且似乎永远都不知满足，其中原因往往是因为我们对于现在生活的不满或者不够满意。我们希望自己能够获得更为理想的生活，所以心中起了贪念。然而欲望是烦恼的根源，妄念越重，烦恼往往也就越多。

"内不随妄念迁流，外不为事境所转"，所谓妄念就是为自己而设置的自私自利的念想。我们总是把自己看得太重，心中只有自己，希望自己可以变得富有，希望自己位高权重，希望自己名利双收。我们一直只想从属于自己的欲望行事，而妄念正源于自我的意识表现。所以，一个人想要做到不为外事外物所迷惑，就一定要做到无物无我的境界。

有个人大学毕业几年后，和一帮同学一道去拜访大学时的老师。老师问他们生活得怎么样？一句话勾出了大家的满腹牢骚，大家纷纷诉说

生活的不如意：工作压力大呀，生活烦恼多呀，做生意的商战不顺呀，当官的仕途受阻呀……一时间，大家仿佛都成了上帝的弃儿。老师笑而不语，从房间里拿出许许多多的杯子，摆在茶几上。这些杯子各式各样，有瓷器的，有玻璃的，有塑料的。有的杯子看起来高贵典雅，有的杯子看起来粗陋低廉……老师说："都是我的学生，我就不把你们当客人看待了。你们要是渴了，自己倒水喝吧。"

大家纷纷拿了自己中意的杯子倒水喝。等大家手里都端了一杯水时，老师讲话了。他指着茶几上剩下的杯子说："大家有没有发现，你们挑选去的杯子都是最好看最别致的杯子，而像这些塑料杯就没有人选中它。"当然，谁都希望手里拿着的是一只好看的杯子。

老师最后总结说："这就是你们烦恼的根源。大家需要的是水，而不是杯子，但我们有意无意地会去选用好的杯子。杯子的好坏，并不影响水的质量。如果将心思花在杯子上，你哪有心情去品尝水的苦甜，这不是自寻烦恼吗？"

人应该努力摆脱私欲的控制，要时刻保持心境的澄明安宁，同时也不要轻易为外事外物所牵绊，从而导致心中浮躁不安、起伏波动。其实，生活未必就不尽如人意，贫困未必就不够幸福，平凡也未必就不能享受生活的快乐。很多时候，我们只是太过贪婪和世俗，太希望自己能够融入繁华世界当中，所以内心非常浮躁，难以静下心来好好参悟人生的价值。其实，只要我们能够静下心来好好想一想，就会发现其实外面的繁华世界未必如想象中那般精彩。

我们之所以常常沉迷于欲望之中，之所以还要固执地认为它们很美好，只是因为我们一直被迷惑且不曾看破，没有办法说服自己拒绝人世的浮华。然而有境界的淡定之人却能够清醒地克制自己的行为，任凭世事如何美好妖娆，都不会动妄念，当然也就不会去羡慕，去执着，去沉迷，去妄求了。

既然一切都是不真实的，我们又何必滋生不切实际的妄念，我们又

何必费尽心思去争呢？不如坦然地放下心中的欲念，放下心中的包袱，安然地接受淡定的生活。有智者说妄念就是业障，而业障往往就会产生烦恼。放下妄念，烦恼自消。其实无论生活是贫困潦倒还是富贵，我们都要用平常心来对待。倘使我们平凡，就要懂得享受平凡的幸福；倘使我们贫困，便可以寻找到贫困的乐趣。也许你的生活将来会得到改观，但是没有必要一定把富贵当成奋斗的目标。没有妄念的人生一定可以得到更多的幸福。

人之所以会产生妄念，是因为起了分别心。其实并没有所谓的贫贱和富贵、好与坏、幸与不幸。或者说它们并没有什么分别，只不过是人生的一种状态而已，这并不会影响我们对于幸福的索取。既然如此，人生就不必要太过执着，死死纠缠着富贵梦，这只会让我们不断地失去当前的幸福，失去生活最本质的幸福。

人生本就匆匆而来匆匆而去，我们何必将所有的人生都投注到名利富贵之中？我们的内心究竟能够存下多少东西呢？存下了人生的诸多妄念，必定就留不住生活原本的幸福体验。人生需要一份安和之心和静雅之态，以平静淡定的心态来看待自己的人生。

心灵悄悄话
XIN LING QIAO QIAO HUA >>>

万事都需随缘，不要妄念丛生。凡事看开看淡一些，放下常人的心，放下常人的妄念，扩大自己的心量，等到一切都以平常心看待时，人也就自在解脱了。

快乐很简单

一粥一饭是清淡、健康、温暖，一瓢一箪是随意、自在、安心。奢华也罢，绚丽也罢，生命终究归于平淡。尘世的历练让我们的内心不断贴近本真，让灵魂归于成熟、沉稳、超然。这未尝不是活着的一种至高境界。

孔子在评价自己的得意门生颜回的时候，赞美说："一箪食，一瓢饮，在陋巷。人不堪其忧，回也不改其乐。贤哉，回也。"身居陋巷的颜回吃的是粗茶淡饭，住的是简陋的房子。一般人往往难以忍受这样艰苦的生活条件，都希望自己能够吃得好一些，住得好一些，但是颜回却安然地住在陋巷之中，依然感到快乐和幸福。

生活中有着太多的诱惑，时时冲击我们的心理防线，从而使我们误解了生活的价值、快乐的意义。几乎每个人都在想"等我有钱了，生活就幸福了"，但幸福究竟是什么，幸福究竟在哪里，我们似乎从未认真去了解过，只是片面地认为有钱有权、有名有利，就能够拥有一切。拥有一切就是一种幸福，所以一切都向名利靠拢。

我们总是将快乐简单地定义为欲望的满足，认为只要自己得到了自己想要的东西，只要自己完成了心愿，就可以获得幸福；而欲望的满足常常又定位在荣华富贵这些浮世的繁华之中。一个人养活自己很容易，但想要养活自己的欲望就会很困难。我们之所以常常感到不快乐和不幸福，只是因为自己的欲望在不断膨胀。我们渴望得到更多，渴望拥有更多，所以永远都在不知足中苦苦挣扎，永远都在为自己的富贵计划而烦恼。这样一来，人生自然就难以快乐起来。

一个人得到更多的金钱，就一定可以得到快乐吗？对于很多人来说，答案或许是肯定的，但真相并非如此。其实，人生只需吃能够解决温饱的饭，无需山珍海味，无需满汉全席；只需住可以容身的房子，无需雕梁画栋，无需广厦千尺；只需穿可遮蔽身体的衣服，无需锦衣华服，无需珠饰环佩。这样的生活未必如人们想象中精彩，但却是真正的幸福。

在穷困和平凡的生活中，我们一样能够感到无比快乐。快乐不是物质生活的附加值。快乐就如同品茶，有些人只喜欢清茶一盏，有些人喜欢加一点儿牛奶和糖，有些人还要兑进去一点儿咖啡。每个人都能够在品茶的时候得到享受，然而喝茶毕竟还是原汁原味来得痛快。有人讲究细节，水要初晨的山泉或是露水，茶叶要选择上好的名茶。他们认为这样的茶水才有味道，才是品茶人的幸福，然而一杯普通的清茶一样可以让人品味到茶香，品味到快乐。

有个富商一直以来都觉得生活很无聊。尽管人人都羡慕自己的家业，但是他却总是找不到任何值得开心的事，每天都过得很烦闷，只好不断努力赚钱以期能够得到更多快乐，却一直未能如愿。无奈之下，富商只好去找心理师询问如何才能让自己高兴起来。心理师听说富商的请求后，就问他到底需要怎样的快乐，怎样又才算得上是真正的快乐。

富商自己也说不清楚，但是当他听到窗外的鸟叫声时，有感而发，于是坦然地说："如果我什么时候可以像树上的小鸟那样来去自由、轻松快乐就好了。"心理师立刻回答说："那你为什么不像小鸟一样生活呢？"富商疑惑地问道："如何生活呢？"心理师解释说："吃可饱的东西，睡可以容身的卧房，去想去的地方。"富商听说后，非常惊讶，于是不解地看着心理师说："怎么会这么简单？不可能吧！"心理师笑着回答说："快乐原本就是这么简单，只不过是你想多了而已。"

快乐有时候真的很简单，一箪食，一瓢饮，足矣。"家财万贯，一

日不过三餐；广厦万间，夜眠不过三尺。"孟子亦云："养心莫善于寡欲。"苏格拉底也说："我们需要得越少，我们越近似于神。"没有必要用富贵来装饰和渲染，有钱人过着有钱人的生活，体味着有钱人固有的幸福。但是贫穷者可以过着贫穷人的生活，体验着贫穷人固有的幸福，没有人的幸福会被剥夺，或贫或富，快乐并没有区别，只要你心里觉得舒服，只要你心里感到满足，这就足够了。物质生活的一切装饰有时候显得虚伪和多余，而平凡生活中的快乐和幸福反而来得更为真切纯粹，反而更能够打动人心。

快乐在于一种生活体验，而不是拥有。我们经历过了，感受过了，精彩过了，这就是快乐，就有足够的理由去得到快乐。快乐存在于生活的每一个角落，存在于每一个人身上，发现快乐制造快乐不是富人的专利。我们没有必要把幸福快乐定位在名利上，"等到有钱了之后"这更像是一个托辞和借口，快乐公平地接纳每一个人，无论贫贱还是富有，无论高官还是庶民，无论地位尊贵还是身份卑微。

生活原本就很简单，只是我们总是想得很复杂；快乐原本也很简单．只是我们常常定位得太高。其实即便是最不经意处、最不显眼处．我们一样可以寻找到快乐，因为我们的心中没有任何阻碍；相反的如果总是把荣华富贵当成快乐的筹码，当成了成功人生和幸福人生的标准，心中反而会背负沉重的包袱，给自己增加烦恼。

心灵悄悄话
XIN LING QIAO QIAO HUA >>>

生活的一切当以平常心来看待，快乐并不是什么神圣的东西，我们没有必要将它奉若神明，也没有必要将它当成高不可攀、遥不可及的人生目标。然而，快乐只是一种最为平凡的生活和情感的体验，它就来源于生活之中，来源于最卑微最平凡的生活之中。

幻想中的幸福，只是另一个幻想

每个人都想埋下一颗幸福的种子，长出属于自己的幸福，但是幸福需要在生活的土壤中萌芽，成长，壮大。如果将它抛在幻想里，到了最后，种子也永远只是种子而已。

美国有个旅行者一生都致力于寻找一个没有贫富、没有尊卑、没有争斗的地方。他走访世界各地，希望能够探寻到最原始最幸福的地方，但是一直一无所获。后来，他听说太平洋某个神秘的岛屿上住着一群长期与世隔绝的人，那里的人讲究平等，没有人贫穷潦倒，也没有人地位低下，人们都能和睦相处。落魄的旅人历经千难万险，才找到了这个岛屿。

岛屿上的确保有许多古风，但是他发现这里并不像传言的那样，是一个乌托邦世界；这里依然有地位等级的分别，依然有贫富的细小差距，依然有部落之间的争斗掠夺。旅行者终于放弃了。他后来在自传中感慨地说："我一直幻想自己能找到一个幸福的所在，但是幻想却毫不留情地欺骗了我。"

我们常常对自己的生活感到不如意，我们渴望像别人一样得到让人羡慕的财富，得到让人尊敬的地位和名誉，得到繁华世界中所有的幸福，但生活总是设置了许多难以跨越的障碍，让我们忍不住将全部都寄望在幻想之中，仅仅依靠幻想来满足自己对幸福的渴求，并且乐此不疲，沉迷在幻想之中难以自拔。

天堂里没有饥饿，没有寒冷，没有贫穷困苦，但问题是你何时见过天堂，天堂又是否真的存在？更重要的是，我们始终都存在于现实生活

之中，幻想幸福不过是自欺欺人而已。幻想或许是生命的一种精神状态，有利于保持我们的积极人生观，但是幻想是终究是幻想，生活不会因为幻想而得到任何改变，不会因幻想而美丽，更不会因幻想而幸福。

人生之所以幸福，并不在于你得到的更多，也不在于你失去的更少，而在于计较的少了。人生一旦计较，那么得到了也等于失去. 而失去了则意味着将失去更多。人生得意处，且以冷眼视之；人生失意时. 且报微微一笑。我们谁也无法预知幸福背后到底会是什么，也无法料想到郁闷、失意的下一刻会发生什么变化，而且世上何为得，何又为失呢？如果不能保持淡定从容的心态，那么生活就永远会像过山车一样。

把得失看得太重，人生的负担也会不断加重。生活的每一刻都是变动的，如果人心也随之而动，那么人活着岂不是很累？为什么不试着让心安静下来，不要轻易地受到外物变化的影响？

一个平和顺畅的人生需要一颗淡定的心。心定了，无论外界怎样变化，你的生活都不会受到太大的影响。

任何一种生命状态或许都要根植于现实生活，这样才能得以成长，才能真实地展示出生命的价值和意义。其实，幸福有时候就像放飞风筝一样，无论风筝飞得多高，线始终都会抓在你手里；也只有把线紧紧抓在手里，它才能飞得更高，没有用线牵引着的风筝充其量只是一朵浮云，无论飞得多么高。无论飞得多么优美、永远都无法抓在手中，只能眼睁睁地看着它远去。

不丹有位著名的学者，曾一度深受癌症的困扰和威胁。待到病情控制和稳定之后，有人问他这一生是否还有什么缺憾，是否觉得生活很不公平，他却淡然地说道："我这一生过得很幸福，因为我从没有任何不切实际的幻想。"在人生最贫困潦倒、最危急的时刻，他坚决地打破了任何形式的幸福幻想。他曾对朋友感慨地说道："既然幸福就藏在生活中，我们为何还要去幻想中寻找人生的天国呢？"

幸福就在生活当中，就在每一天当中，不是幸福缺失了，只是你未曾发现。只有对生活失去信心的人才总是千方百计地寻求心理上的解

脱，然而美梦一场之后，不过是伤怀一场而已。幻想过后，一旦清醒，反而会令自己更加痛苦。

沉迷于幻想的人对现实无法有清醒的认识，或者说正是在有意地逃避现实。然而幻想中的事情往往严重偏离了现实，根本不可能实现，就如同海市蜃楼一般，无论多么美丽多么精彩多么让人神往，却总是不可触及，徒然地编制了一个美丽的茧，将自己层层束缚起来。

我们可以构建幸福的希望，可以给自己制订一个实现幸福人生的计划和目标，然而生活可以用来渴望，却不要轻易抱有什么幻想。依靠幻想构筑起来的幸福总是脆弱的，经不起现实的轻轻一击，很快便支离破碎，容易划伤我们原本就脆弱的心灵。人生需要从现实中发掘幸福，而不是构建那些自以为是的幻想。

心灵悄悄话
XIN LING QIAO QIAO HUA >>>

其实，幸福的距离或许就是理想与现实的距离，但绝对不会是幻想与现实的距离；因为幻想离现实实在太过遥远。天堂里固然可以寄存你的幸福，但是你却无法去天国里索取。